全国中等职业学校电工类专业一体化教材
全国技工院校电工类专业一体化教材（中级技能层级）

电工电子基本技能（第二版）
学生用书

何 薇 主编

中国劳动社会保障出版社

简　介

本书为全国中等职业学校电工类专业一体化教材/全国技工院校电工类专业一体化教材（中级技能层级）《电工电子基本技能（第二版）》的配套用书，供学生课堂学习和课后练习使用。本书按照教材的任务顺序编写，每个任务都包含“工作任务”“资讯学习”“任务准备”“任务实施”“展示与评价”“复习巩固”环节。本书关注学生的学习过程，强调知识、技能的同步提升，适合技工院校电工类专业教学使用。

本书由何薇任主编，鲁劲柏任副主编，刘涛、翟桂敏、蒋莉莉、金闵辰参加编写。

图书在版编目(CIP)数据

电工电子基本技能(第二版)学生用书/何薇主编.--北京：中国劳动社会保障出版社，2023

全国中等职业学校电工类专业一体化教材　全国技工院校电工类专业一体化教材.中级技能层级

ISBN 978-7-5167-6048-2

Ⅰ.①电…　Ⅱ.①何…　Ⅲ.①电工技术-中等专业学校-教材②电子技术-中等专业学校-教材　Ⅳ.①TM②TN

中国国家版本馆 CIP 数据核字(2023)第 176048 号

中国劳动社会保障出版社出版发行

（北京市惠新东街 1 号　邮政编码：100029）

*

北京昌联印刷有限公司印刷装订　　新华书店经销

787 毫米×1092 毫米　16 开本　11.75 印张　270 千字

2023 年 9 月第 1 版　　2025 年 11 月第 2 次印刷

定价：24.00 元

营销中心电话：400-606-6496

出版社网址：http://www.class.com.cn

http://jg.class.com.cn

目 录

课题一
安全用电

任务1　识读安全标志及安全技术规范

工作任务

为了防止电气意外事故的发生，电工在完成各项作业的不同阶段均应遵循相应的安全规范要求，同时根据不同的情况，需要在电气设备上悬挂各类不同颜色、不同图形的安全标志，提醒人们对不安全因素的注意与重视。

本任务要求能识别安全标志，掌握电气设备安全技术规范的要求。

资讯学习

查阅教材及其他相关资料，了解和掌握完成本工作任务所需要的知识，并回答以下问题。

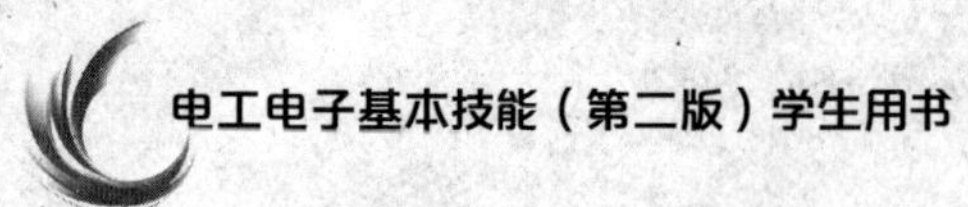

1. 本任务涉及哪些国家标准？这些标准的具体内容是什么？

2. 认真研读教材内容，简述安全标志、安全色和对比色的定义、分类和特点。

3. 除了教材中列举的通用电气设备安全技术规范外，是否有针对特定设备的电气安全技术规范？如有，列举 1~2 个例子。

4. 搜索因违反电气设备安全技术规范造成的电气事故案例，并对比教材中的规范内容，进行事故分析。

任务准备

一、分组并制订工作计划

1. 根据工作任务的需求进行分组，并由组长组织组员协商，完成组员的任务分工，填写表 1-1-1。

表 1-1-1　小组成员分工表

任务名称		组别	
组员姓名	任务分工	备注	
		组长	

2. 小组讨论制订工作计划，分析计划的优缺点，并给出改进方案，将决策后的工作计划填入表 1-1-2 中。

表 1-1-2　工作计划决策方案

班级		组别		组长	
步骤	工作内容			负责人	

二、物料领用

根据任务要求，以小组为单位领取设备、工具、材料及其他用品。将领到的物料分类并填写表 1-1-3，由组长核对并签字确认。

表 1-1-3　设备、工具、材料及其他用品清单

班级			组别		组长	
序号	类别	清单				
1	设备					
2	工具					
3	材料					
4	其他用品					

三、安全文明生产检查

按照表 1-1-4 中列出的项目，以小组为单位进行安全文明生产检查，组长记录检查结果并签字确认。如发现有项目不能达到任务工作要求时应及时整改。

表 1-1-4　安全文明生产检查表

<table>
<tr><td>班级</td><td></td><td>组别</td><td></td><td>组长</td><td></td></tr>
<tr><td>序号</td><td colspan="4">检查项目</td><td>记录</td></tr>
<tr><td>1</td><td colspan="4">熟读安全文明生产要求及设备使用说明</td><td>是□　否□</td></tr>
<tr><td>2</td><td colspan="4">设备状况良好，通电试测正常</td><td>是□　否□</td></tr>
<tr><td>3</td><td colspan="4">工具、材料齐备，符合电气安全及任务要求</td><td>是□　否□</td></tr>
<tr><td>4</td><td colspan="4">安全防护及其他用品齐备，能正常使用</td><td>是□　否□</td></tr>
<tr><td>5</td><td colspan="4">小组成员进入工作状态，个人防护用具穿戴合格</td><td>是□　否□</td></tr>
</table>

任务实施

一、识别安全标志

1. 判别安全标志的类型并说明其表达的信息

根据安全标志的示例，在表 1-1-5 中填写安全标志的说明和类型。

表 1-1-5　常见安全标志的种类

标志示例	标志说明	标志类型

续表

标志示例	标志说明	标志类型

2. 识别安全标志的内容

根据学习的相关知识，填写表 1-1-6 中安全标志图形符号代表的含义。

表 1-1-6　常见安全标志的图形符号及含义

分类	图形符号	含义	图形符号	含义
禁止标志				
警告标志				

续表

分类	图形符号	含义	图形符号	含义
指令标志				
提示标志	EXIT 出口		3N～	
			在此工作	

二、了解电气设备安全技术规范

1. 安装前的安全准备工作

在进行安装之前，需要一些必要的安全准备工作，根据表 1-1-7 中的图示，填写对应的规范要求。

表 1-1-7　安装前的安全准备工作

图示	规范要求

续表

图示	规范要求
清扫	

2. 安装过程中的电气设备安全技术规范

在安装电气设备的过程中，需要遵守必要的安全技术规范，从而保证人身安全，根据表 1-1-8 中的图示，填写对应的规范要求。

表 1-1-8 安装过程中的电气设备安全技术规范

图示	规范要求

禁止明火	

续表

图示	规范要求
 与带电导线的安全距离符合规定	
 禁止堆放	
 检查接地	

3. 调试过程中的电气设备安全技术规范

在调试电气设备的过程中，也应遵守必要的安全技术规范，根据表 1-1-9 中的图示，填写对应的规范要求。

表 1-1-9　调试过程中的电气设备安全技术规范

图示	规范要求

4. 安装结束后的电气设备安全技术规范

在安装结束后，应按照规范做好整理工作，根据表 1-1-10 中的图示，填写对应的规范要求。

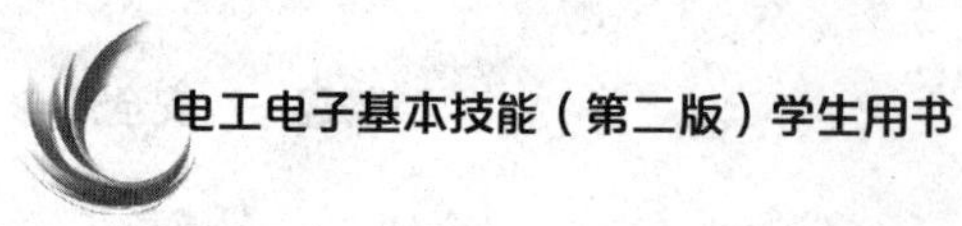

表 1-1-10　安装结束后的电气设备安全技术规范

图示	规范要求
工具摆放整齐，放至规定位置	
结束工作，断开电源	

展示与评价

一、成果展示

1. 以小组为单位派出代表介绍自己小组的学习成果，听取并记录其他小组对本组学习成果的评价和建议。

2. 根据其他小组对本组展示成果的评价意见进行归纳总结，填写表 1-1-11。

表 1-1-11 成果展示情况评价表

班级		组别	
记录人		组长	
项目	记录		
资讯检索情况	良好□ 一般□ 不足□ 不足说明：		
展示成果时表达情况	良好□ 一般□ 不足□ 不足说明：		
团队合作情况	良好□ 一般□ 不足□ 不足说明：		
创新情况	良好□ 一般□ 不足□ 不足说明：		
技能掌握情况			
出现的问题			
解决的方法			

二、任务评价

由组长组织小组成员对工作任务完成情况进行自评和小组评价，然后再对每个成员在工作任务完成过程中的综合情况进行总体评价。

1. 根据技能操作的情况，对照表 1-1-12 进行技能操作评价。

表 1-1-12 技能操作评价表

班级			组别			
被评价人			组长			
序号	主要内容	考核要求	评价标准	配分/分	自评	组评
1	识别安全标志	判别安全标志的类型	禁止、警告、指令、提示、辅助五类标志判别 每判别错一类扣 5 分	20		
		识读安全标志的内容	安全标志识别 每认错一个扣 5 分	20		

续表

序号	主要内容	考核要求	评价标准	配分/分	自评	组评
2	了解电气设备安全技术规范	安装前的安全准备工作	需要掌握的规范要求：穿戴必要的防护用品，完成环境卫生清扫，完成工具、仪器、仪表检查 不能正确根据图示说明规范要求，每项扣5分	15		
		安装过程中的电气设备安全技术规范	需要掌握的规范要求：不用潮湿的手操作，做到严禁烟火、严防火灾，保证可靠的安全距离，做到禁止堆放，完成接地检查，正确使用灭火器 不能正确根据图示说明规范要求，每项扣5分	15		
		调试过程中的电气设备安全技术规范	需要掌握的规范要求：正确悬挂安全标识；完成临时线头绝缘处理；做到跳闸时查明原因，不强制合闸 不能正确根据图示说明规范要求，每项扣5分	15		
		安装结束后的电气设备安全技术规范	需要掌握的规范要求：完成工具、仪器仪表的整理，操作结束后断开电源，维修结束后做好记录 不能正确根据图示说明规范要求，每项扣5分	15		
3	安全生产	注意安全操作	违反安全文明操作规程，扣5~20分			
备注			合计	100		
			年　月　日			

2. 按照表1-1-13进行综合评价。

表1-1-13　综合评价表

班级			组别				
被评价人		组长		教师			
序号	评价内容		配分/分	自评（20%）	组评（20%）	师评（60%）	合计
1	安全意识、时间意识		10				
2	工作态度、劳动纪律		10				
3	团队合作、交流与沟通能力		10				
4	资料检索能力		10				
5	计划制订能力		10				
6	操作规范性		15				

续表

序号	评价内容	配分/分	自评（20%）	组评（20%）	师评（60%）	合计
7	任务完成情况	10				
8	任务验收质量	15				
9	现场整理、清扫情况	10				
合计		100				
创新能力（加 20 分）	创新性思维和行动	20				
总 计		120				

复习巩固

一、填空题

1. 安全色是用于传递安全信息含义的颜色，国家标准《安全色》（GB 2893—2008）规定__________、__________、__________、__________四种颜色为安全色。

2. 安全标志由__________、__________、__________或__________等构成。

3. 常见的电气安全标志按用途分为四类：__________、__________、__________和__________。

二、判断题（正确的打“√”，错误的打“×”）

1. 红色表示禁止、停止、危险或提示消防设备、设施，常用于禁止标志、停止信号，同时也表示防火。（　　）

2. 黄色表示注意、警告，若没有监管，可以私自操作。（　　）

3. 断电维修电气设备时可以用铁丝把配电箱绑扎起来，防止他人送电。（　　）

4. 发生电气火灾时，应立即切断电源，用干粉灭火器灭火，严禁用水灭火。（　　）

三、综合题

1. 简述国家标准中安全色与对比色的搭配规定。

2. 简述《国家电气设备安全技术规范》（GB 19517—2009）中对于电气设备的标志的具体要求。

任务 2　触电急救

工作任务

在工业生产和日常生活中，经常会因为意外而发生触电事故。如果发生触电事故，应立刻采用正确的方法进行触电急救。

本任务要求能针对触电后不同的症状采取正确的方法进行急救。

资讯学习

查阅教材及其他相关资料，了解和掌握完成本工作任务所需要的知识，并回答以下问题。

1. 本任务涉及哪些国家标准？这些标准的具体内容是什么？

2. 检索资料，分析触电发生时电流对人体的伤害过程，并简述如何避免电流的伤害。

3. 检索资料，归纳发生触电事故后的施救步骤和各步骤的注意事项。

4. 除教材讲解的急救方法外，还有哪些急救方法？通过资讯检索和学习列举一种，详细说明该急救方法的操作步骤和适用范围。

任务准备

一、分组并制订工作计划

1. 根据工作任务的需求进行分组，并由组长组织组员协商，完成组员的任务分工，填写表 1-2-1。

表 1-2-1　小组成员分工表

任务名称		组别	
组员姓名	任务分工	备注	
		组长	

2. 小组讨论制订工作计划，分析计划的优缺点，并给出改进方案，将决策后的工作计划填入表 1-2-2 中。

表 1-2-2　工作计划决策方案

班级		组别		组长	
步骤	工作内容			负责人	

二、物料领用

根据任务要求，以小组为单位领取设备、工具、材料及其他用品。将领到的物料分类并填写表 1-2-3，由组长核对并签字确认。

表 1-2-3　设备、工具、材料及其他用品清单

班级		组别		组长	
序号	类别	清单			
1	设备				
2	工具				
3	材料				
4	其他用品				

三、安全文明生产检查

按照表 1-2-4 中列出的项目，以小组为单位进行安全文明生产检查，组长记录检查结果并签字确认。如发现有项目不能达到任务工作要求时应及时整改。

表 1-2-4　安全文明生产检查表

班级		组别		组长	
序号	检查项目				记录
1	熟读安全文明生产要求及设备使用说明				是□　否□
2	设备状况良好，通电试测正常				是□　否□
3	工具、材料齐备，符合电气安全及任务要求				是□　否□
4	安全防护及其他用品齐备，能正常使用				是□　否□
5	小组成员进入工作状态，个人防护用具穿戴合格				是□　否□

一、口对口人工呼吸法急救

若发现触电者呼吸停止，但有心跳，这时应立即采取口对口人工呼吸法进行抢救。根据图示结合实际操作，将图 1-2-1 中口对口人工呼吸法急救的实施内容填写完整。

一只手放在触电者_________，用手掌将额头用力向后推，另一只手的食指与中指放在__________，向上抬起_________（对颈部损伤者不适用），两手协同将头部推向后仰，使其_________。

使触电者身体___________，松开其衣领和裤带，使其头偏向___________，清除触电者______________。

在保持触电者___________的同时，救护人员用放在触电者额上的手捏住触电者___________，救护人员平静吸气后，与触电者_______________，在不___________的情况下，先连续以正常呼吸气量吹气_____次，每次吹气时间___s以上。

除开始大口吹气两次外，正常口对口人工呼吸的吹气量无须过大，但要使触电者的胸部膨胀，每_______s 吹气一次（对触电儿童每_______s 吹气一次），每吹完一次气，_____捏着鼻子的手，让气体从触电者肺部_______，如此反复进行，到触电者苏醒为止。

图 1-2-1　口对口人工呼吸法的实施步骤

二、胸外心脏按压法急救

若发现触电者心跳停止，但呼吸尚存，这时应采取胸外心脏按压法进行抢救。根据图示结合实际操作，将图 1-2-2 中胸外心脏按压法急救的实施内容填写完整。

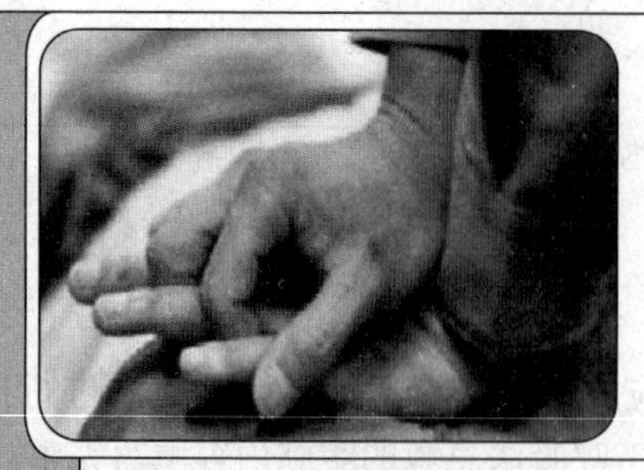

将触电者仰卧在__________的地方，救护人员站立或跪在触电者一侧胸旁，救护人员的两肩位于触电者胸骨__________，两臂__________，肘关节固定________，两手掌根相重叠，手指翘起，将下面手的掌根部置于触电者__________位置上。

上
落
用上身发力
手臂伸直
支点
双手互扣

以髋关节为支点，利用上身的重力，垂直将正常成人胸骨压陷________cm；以足够的速率（每分钟______次为宜，每次按压和放松的时间相等）和幅度进行按压，保证每次按压后胸廓__________回弹，尽可能减少按压________并避免__________。

图 1-2-2　胸外心脏按压法的实施步骤

三、心肺复苏法急救

触电者丧失意识，心跳和呼吸全都停止，这时应立即采用人工心肺复苏法进行抢救（最好在 4 min 以内进行），根据规范填写关键数据。

1. 单人心肺复苏法

当只有一个救护人员给触电者进行心肺复苏时，口对口人工呼吸和胸外心脏按压应交替进行，先吹气______次，再按压心脏______次，且速度都应快些。

2. 双人心肺复苏法

当有两个救护人员给触电者进行心肺复苏时，两个人应位于触电者两侧对称位置，以便于互相交换抢救。此时，一个人做______________，另一个人做____________，按照________（婴幼儿按照______）交替进行。

展示与评价

一、成果展示

1. 以小组为单位派出代表介绍自己小组的学习成果，听取并记录其他小组对本组学习成果的评价和建议。

2. 根据其他小组对本组展示成果的评价意见进行归纳总结，填写表 1-2-5。

表 1-2-5　成果展示情况评价表

班级		组别	
记录人		组长	
项目	记录		
资讯检索情况	良好□　一般□　不足□　不足说明：		
展示成果时表达情况	良好□　一般□　不足□　不足说明：		
团队合作情况	良好□　一般□　不足□　不足说明：		
创新情况	良好□　一般□　不足□　不足说明：		
技能掌握情况			
出现的问题			
解决的方法			

二、任务评价

由组长组织小组成员对工作任务完成情况进行自评和小组评价，然后再对每个成员在工作任务完成过程中的综合情况进行总体评价。

1. 根据技能操作的情况，对照表 1-2-6 进行技能操作评价。

表 1-2-6　技能操作评价表

班级			组别			
被评价人			组长			
序号	主要内容	考核要求	评价标准	配分/分	自评	组评
1	口对口人工呼吸法急救	实施口对口人工呼吸法急救	操作步骤正确 每处错误扣 5 分	15		
			动作规范，吹气和间隔时间达到标准要求 每处错误扣 2 分	10		
			持续进行，不随意中断抢救操作 达不到要求扣 5 分	5		
2	胸外心脏按压法急救	实施胸外心脏按压法急救	操作步骤和施救位置正确 每处错误扣 5 分	15		
			按压节奏和按压量符合标准要求 每处错误扣 2 分	10		
			持续进行，不随意中断抢救操作 达不到要求扣 5 分	5		

续表

序号	主要内容	考核要求	评价标准	配分/分	自评	组评
3	心肺复苏法急救	实施单人心肺复苏法急救	操作步骤和施救位置正确 错误扣5分	5		
			口对口人工呼吸操作正确，符合标准要求 错误扣5分	5		
			胸外心脏按压操作正确，符合标准要求 错误扣5分	5		
			口对口人工呼吸和胸外心脏按压交替进行，节奏正确 错误扣5分	5		
		实施双人心肺复苏法急救	操作步骤正确，两名施救者和触电者位置正确 错误扣5分	5		
			口对口人工呼吸操作正确，符合标准要求 错误扣5分	5		
			胸外心脏按压操作正确，符合标准要求 错误扣5分	5		
			口对口人工呼吸和胸外心脏按压交替进行，节奏正确 错误扣5分	5		
4	安全生产	注意安全操作	违反安全文明操作规程，扣5~20分			
备注			合计	100		
			年　月　日			

2. 按照表1-2-7进行综合评价。

表1-2-7　综合评价表

班级			组别				
被评价人		组长		教师			
序号	评价内容		配分/分	自评（20%）	组评（20%）	师评（60%）	合计
1	安全意识、时间意识		10				
2	工作态度、劳动纪律		10				
3	团队合作、交流与沟通能力		10				

续表

序号	评价内容	配分/分	自评（20%）	组评（20%）	师评（60%）	合计
4	资料检索能力	10				
5	计划制订能力	10				
6	操作规范性	15				
7	任务完成情况	10				
8	任务验收质量	15				
9	现场整理、清扫情况	10				
合计		100				
创新能力（加 20 分）	创新性思维和行动	20				
总 计		120				

复习巩固

一、填空题

1. 电流对人体伤害是多方面的，最主要的两种类型是__________和__________。

2. 电击是电流通过人体内部，对人体__________及______________造成破坏。

3. 电伤是电流通过人体外部造成的_________伤害，如电弧烧伤、熔化的金属渗入皮肤等。

4. 电流是危害人体的直接因素，通过人体的工频交流电流达到________mA 时，会使人感到麻痹或剧痛，难以摆脱电源；超过________mA 且持续时间超过 1 s，就可能危及人的生命。

二、选择题

1. 人体电阻与人体和带电体的接触面积（　　）。

A. 成正比　　B. 成反比　　C. 无关

2. 直流电触电的危险性比交流电触电的危险性（　　）。

A. 大　　B. 小　　C. 一样

3. 当触电者有呼吸但心跳停止时，应采用（　　）进行急救。

A. 口对口人工呼吸法　　B. 胸外心脏按压法　　C. 心肺复苏法

4. 触电者脱离电源后，首先应进行（　　）。

A. 心跳判定　　B. 呼吸判定　　C. 简单诊断

三、判断题（正确的打“√”，错误的打“×”）

1. 人体触电后，摔伤是危害人体的直接因素。（　　）
2. 一般来说，当人体电阻一定时，触电电压越高，危险性越大。（　　）
3. 50~60 Hz 工频交流电流的触电危险性比其他频率交流电流的触电危险性都要小。（　　）
4. 只要使用了安全电压，在任何情况下都是安全的。（　　）
5. 若发现有人触电，应立即采用口对口人工呼吸法救助触电者。（　　）

四、综合题

1. 什么是安全电压?

2. 简述口对口人工呼吸法的操作注意事项。

3. 简述胸外心脏按压法的操作注意事项。

4. 简述心肺复苏法的操作注意事项。

任务 3 接地装置的安装与维修

工作任务

接地装置是接地体和接地线的总称，是实现接地保护的必要设施。运行中电气设备的接地装置应当始终保持良好的工作状态。

本任务要求掌握接地装置的安装和维修技能。

资讯学习

查阅教材及其他相关资料，了解和掌握完成本工作任务所需要的知识，并回答以下问题。

1. 通过资讯检索和学习，简要说明常见的接地类型。

2. 寻找身边的接地装置，并详细说明其结构、使用材料、连接情况及安装形式。

3. 简述常见接地装置故障的排除方法。

4. 除教材讲解的接地电阻测量仪外，通过资讯检索和学习，列举一种接地电阻测量装置，并详细说明其面板结构、使用步骤和注意事项。

一、分组并制订工作计划

1. 根据工作任务的需求进行分组，并由组长组织组员协商，完成组员的任务分工，填写表 1-3-1。

表 1-3-1　小组成员分工表

任务名称		组别	
组员姓名	任务分工	备注	
		组长	

2. 小组讨论制订工作计划，分析计划的优缺点，并给出改进方案，将决策后的工作计划填入表 1-3-2 中。

表 1-3-2　工作计划决策方案

班级		组别		组长	
步骤	工作内容			负责人	

二、物料领用

根据任务要求，以小组为单位领取设备、工具、材料及其他用品。将领到的物料分类并填写表 1-3-3，由组长核对并签字确认。

表 1-3-3　设备、工具、材料及其他用品清单

班级		组别		组长	
序号	类别	清单			
1	设备				
2	工具				
3	材料				
4	其他用品				

三、安全文明生产检查

按照表 1-3-4 中列出的项目，以小组为单位进行安全文明生产检查，组长记录检查结果并签字确认。如发现有项目不能达到任务工作要求时应及时整改。

表 1-3-4　安全文明生产检查表

班级		组别		组长	
序号	检查项目				记录
1	熟读安全文明生产要求及设备使用说明				是□　否□
2	设备状况良好，通电试测正常				是□　否□
3	工具、材料齐备，符合电气安全及任务要求				是□　否□
4	安全防护及其他用品齐备，能正常使用				是□　否□
5	小组成员进入工作状态，个人防护用具穿戴合格				是□　否□

一、接地装置的安装

1. 人工接地体的安装

根据人工接地体不同的安装形式，结合实际进行操作，将垂直安装人工接地体的实施内容记录在表 1-3-5 中，将水平安装人工接地体的实施内容记录在表 1-3-6 中。

表 1-3-5 垂直安装人工接地体

步骤	图示	实施内容
垂直接地体的制作	50 mm　4 mm　2.1 m　60 mm	
垂直接地体的安装	锤子　角钢接地体　钢管接地体	

表 1-3-6 水平安装人工接地体

步骤	图示	实施内容
水平接地体的制作	1 m　5 m	
垂直接地体的安装	M1　M2　M　1　2　3　>0.6 m　>2.5 m 1—接地支线　2—接地干线　3—接地体	

2. 接地线的安装

（1）填写表 1-3-7 中保护接地线所用材料的最小和最大截面积。

表 1-3-7 保护接地线所用材料的最小和最大截面积

保护接地线材料		最小截面积/mm^2	最大截面积/mm^2
铜	绝缘铜线		
	裸铜线		
扁钢	户内：厚度不小于 3 mm		
	户外：厚度不小于 4 mm		
圆钢	户内：厚度不小于 5 mm		
	户外：厚度不小于 6 mm		

（2）按照表 1-3-8 中的操作项目及图示，结合实际操作，填写实施内容。

表 1-3-8 安装接地干线

操作	图示	实施内容
接地干线与接地体连接	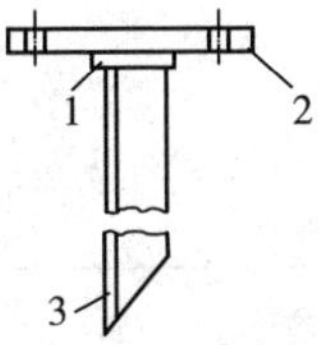 角钢顶端装连接板 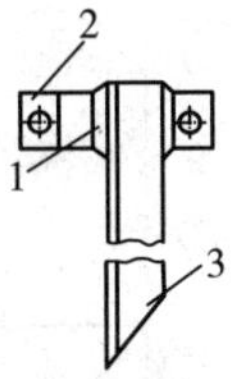 角钢垂直面装连接板 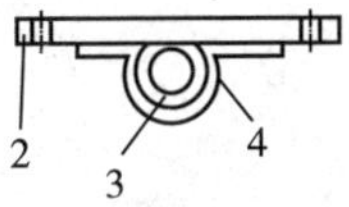 钢管垂直面装连接板 1—加固镶块 2—接地干线连接板 3—接地体 4—骑马镶块	
接地体连接干线地沟	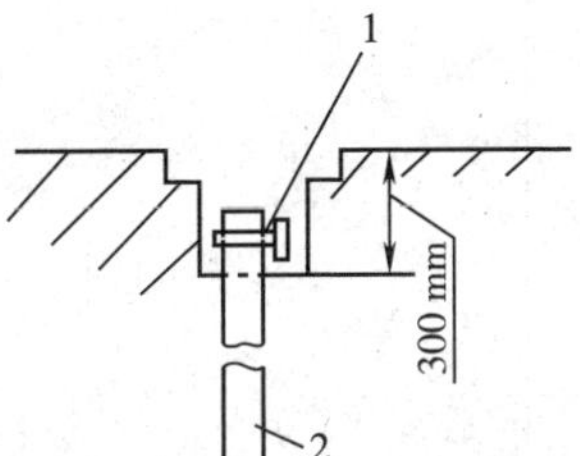 300 mm 1—接地干线 2—接地体	

续表

操作	图示	实施内容
配电变压器的接地连接	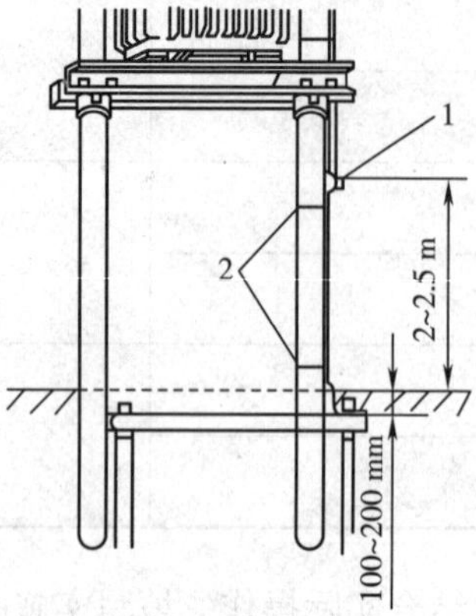 1—断开点　2—绑扎铁丝	
接地干线明敷	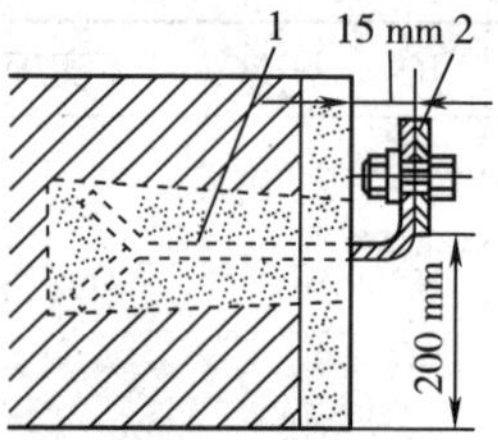 1—支撑卡　2—接地扁钢	
多股导线的接线	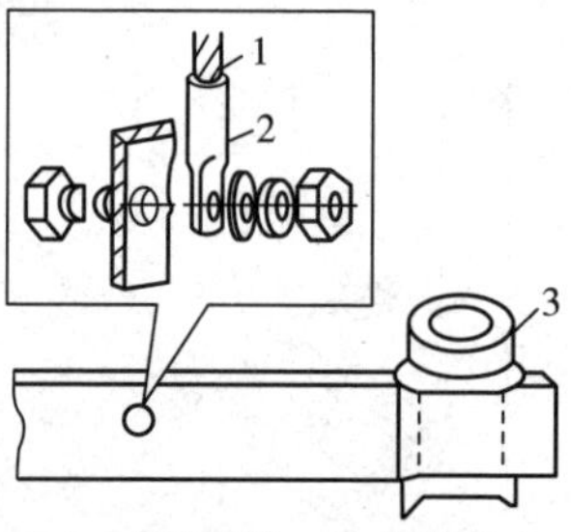 1—多股导线　2—接线耳 3—接地干线	
利用已有金属构件进行接地连接	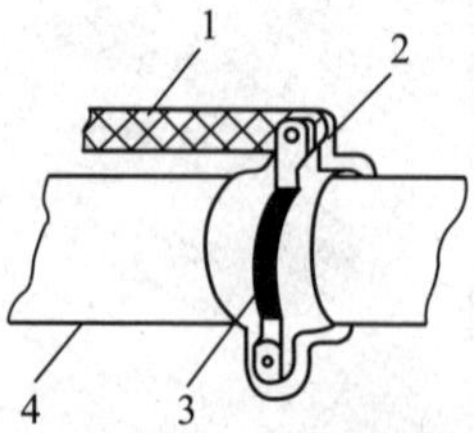 1—接地干线　2—金属包箍 3—跨接导线　4—金属管道	

接地支线的安装必须遵守以下规定。

（1）每一台设备的接地点都必须用一根接地支线与接地干线__________连接。不允许用一根接地支线把__________的接地点串联起来，也不允许将几根接地支线并接在接地干线的________连接点上。

（2）在室内容易被人体触及的地方，接地支线要采用_____绝缘线，在连接处必须恢复_______；在室外不易被人体触及的地方，接地支线可采用多股裸绞线。用于移动电具从插头至外壳处的接地支线，应采用________绝缘软线，中间不得有________，并和绝缘线一起套入绝缘护套内。常用三芯或四芯橡胶护套电缆的黄绿双色绝缘导线作为接地支线。

（3）接地支线与接地干线或与设备接地点的连接，其线头要用________，采用__________压接。在有振动的场所，螺钉上要加________。

（4）固定敷设的接地支线需接长时，连接处必须按照________连接，铜芯线连接处要_____加固。

（5）在电动机保护接地中，可利用电动机与控制开关之间的钢管保护导线作为控制开关外壳的接地线，其安装方法如图 1-3-1 所示。

（6）接地支线的每个连接处都应置于明显部位，以便于检修。

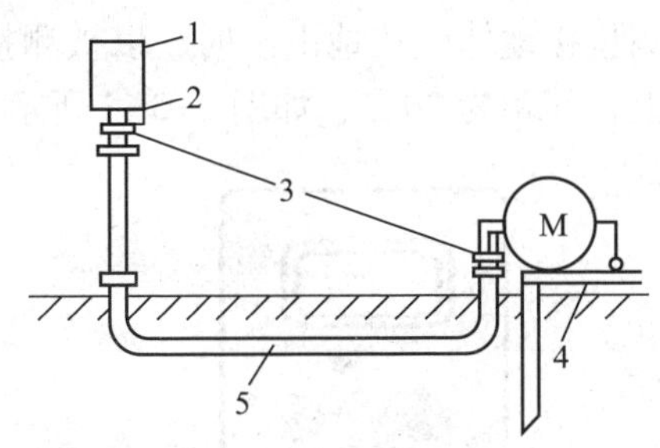

图 1-3-1　利用钢管保护导线做接地支线

1—开关外壳　2—接地点　3—金属夹头　4—接地干线　5—钢管保护导线

二、接地电阻的测量

1. 用 ZC-8 型接地电阻测量仪测量接地体的接地电阻

根据实际操作情况，将用 ZC-8 型接地电阻测量仪测量接地电阻的实施内容及测量过程中发现的问题和整改情况记录在表 1-3-9 中。

表 1-3-9　用 ZC-8 型接地电阻测量仪测量接地体的接地电阻

操作项目	实施内容	发现问题及整改情况
拆开接地干线与接地体的连接点		问题： 整改：
安装接地棒		问题： 整改：

续表

操作项目	实施内容	发现问题及整改情况
连接接地电阻测量仪		问题： 整改：
使用接地电阻测量仪测量并读数		问题： 整改：

2. 用数字接地电阻测量仪测量接地体的接地电阻

用数字接地电阻测量仪测量接地体的接地电阻时，以被测接地体为起点，使电位探棒和电流探棒三者在一条直线上，间距为 20 m，如图 1-3-2 所示。

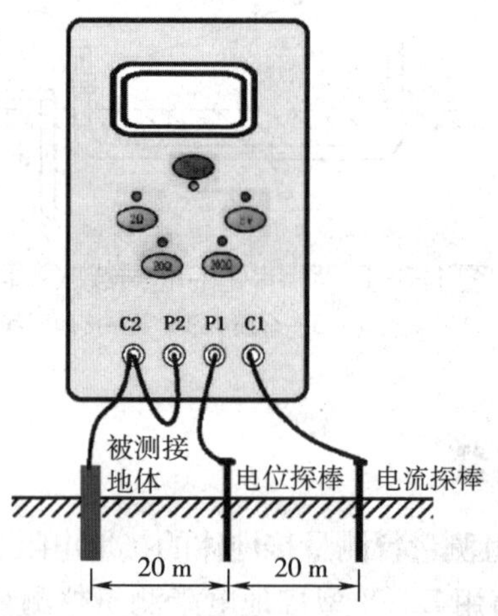

图 1-3-2　数字接地电阻测量仪的使用方法

安装完成后按照以下操作步骤进行接地电阻的测量。

（1）用测试线将被测接地体连接到仪表的____、____测试孔（三极法测量将____、____短接即可），电位探棒连到仪表____测试孔，电流探棒连到仪表____测试孔。

（2）按下电源按钮，打开电源。

（3）使用__________选择按钮选定所需的测试量程，显示屏显示接地电阻阻值。

三、接地装置的检查和维修

1. 定期检查和维护保养

根据接地装置的定期检查步骤填写表 1-3-10。

表 1-3-10 接地装置检查表

步骤	项目	检查内容
外观检查	连接点	
	接地线	
接地电阻测量	接地线电阻	
	接地体电阻	
接地线检查	接地线截面积	

2. 故障维修

人为设置故障点，运用已学知识进行接地装置故障排除，并记录故障排除过程中遇到的问题。

展示与评价

一、成果展示

1. 以小组为单位派出代表介绍自己小组的学习成果，听取并记录其他小组对本组学习成果的评价和建议。

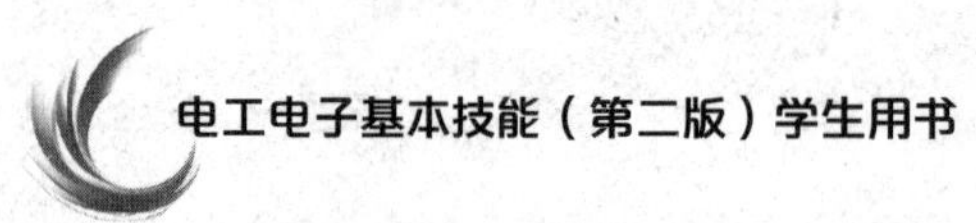

2. 根据其他小组对本组展示成果的评价意见进行归纳总结，填写表 1-3-11。

表 1-3-11　成果展示情况评价表

班级		组别	
记录人		组长	
项目	记录		
资讯检索情况	良好□　一般□　不足□　不足说明：		
展示成果时表达情况	良好□　一般□　不足□　不足说明：		
团队合作情况	良好□　一般□　不足□　不足说明：		
创新情况	良好□　一般□　不足□　不足说明：		
技能掌握情况			
出现的问题			
解决的方法			

二、任务评价

由组长组织小组成员对工作任务完成情况进行自评和小组评价，然后再对每个成员在工作任务完成过程中的综合情况进行总体评价。

1. 根据技能操作的情况，对照表 1-3-12 进行技能操作评价。

表 1-3-12　技能操作评价表

班级			组别			
被评价人			组长			
序号	主要内容	考核要求	评价标准	配分/分	自评	组评
1	接地装置的安装	垂直安装接地体	制作、安装正确，符合规范要求 每处错误扣 2 分	8		
		水平安装接地体	制作、安装正确，符合规范要求 每处错误扣 2 分	8		
		安装接地线	保护接地线选用符合规范 每处错误扣 2 分	8		
			接地线与接地体连接符合规范 每处错误扣 2 分	8		
2	接地电阻的测量	用 ZC-8 型接地电阻测量仪测量接地体的接地电阻	操作步骤正确、规范 每处错误扣 2 分	8		
			接地体、接地棒、接地电阻测量仪之间的接线正确 每处错误扣 2 分	8		
			正确使用接地电阻测量仪完成测量，读数准确 使用错误，每次扣 2 分，读数错误扣 5 分	10		

续表

序号	主要内容	考核要求	评价标准	配分/分	自评	组评
2	接地电阻的测量	用数字接地电阻测量仪测量接地体的接地电阻	操作步骤正确、规范 每处错误扣2分	8		
			接地体、接地棒、接地电阻测量仪之间的接线正确 每处错误扣2分	8		
			正确使用接地电阻测量仪完成测量，读数准确 使用错误，每次扣2分，读数错误扣5分	10		
3	接地装置的检查和维修	定期检查和维护保养	正确完成检查项目，操作规范 每处错误扣2分	8		
		排除常见故障	正确判别故障点，排除方法正确，操作规范 每处错误扣2分	8		
4	安全生产	注意安全操作	违反安全文明操作规程，扣5~20分			
备注			合计	100		
			年　月　日			

2. 按照表1-3-13进行综合评价。

表1-3-13　综合评价表

<table>
<tr><td>班级</td><td colspan="2"></td><td colspan="2">组别</td><td colspan="2"></td></tr>
<tr><td>被评价人</td><td></td><td colspan="2">组长</td><td colspan="2">教师</td><td></td></tr>
<tr><td>序号</td><td>评价内容</td><td>配分/分</td><td>自评（20%）</td><td>组评（20%）</td><td>师评（60%）</td><td>合计</td></tr>
<tr><td>1</td><td>安全意识、时间意识</td><td>10</td><td></td><td></td><td></td><td></td></tr>
<tr><td>2</td><td>工作态度、劳动纪律</td><td>10</td><td></td><td></td><td></td><td></td></tr>
<tr><td>3</td><td>团队合作、交流与沟通能力</td><td>10</td><td></td><td></td><td></td><td></td></tr>
<tr><td>4</td><td>资料检索能力</td><td>10</td><td></td><td></td><td></td><td></td></tr>
<tr><td>5</td><td>计划制订能力</td><td>10</td><td></td><td></td><td></td><td></td></tr>
<tr><td>6</td><td>操作规范性</td><td>15</td><td></td><td></td><td></td><td></td></tr>
<tr><td>7</td><td>任务完成情况</td><td>10</td><td></td><td></td><td></td><td></td></tr>
<tr><td>8</td><td>任务验收质量</td><td>15</td><td></td><td></td><td></td><td></td></tr>
<tr><td>9</td><td>现场整理、清扫情况</td><td>10</td><td></td><td></td><td></td><td></td></tr>
<tr><td colspan="2">合计</td><td>100</td><td></td><td></td><td></td><td></td></tr>
</table>

续表

序号	评价内容	配分/分	自评（20%）	组评（20%）	师评（60%）	合计
创新能力（加 20 分）	创新性思维和行动	20				
总 计		120				

复习巩固

一、填空题

1. 根据接地的目的不同，接地可分为________、________、________、________、________、________等。

2. 接地体分为________和________两种。

3. 人工接地体可采用钢管、角钢、圆钢或废钢铁等制成。人工接地体宜采用________埋设，多岩石地区可采用________埋设。

4. 常见接地装置的安装形式包括________、________、________三类。

二、判断题（正确的打“√”，错误的打“×”）

1. 工作接地的接地装置一般每两年检查一次。（　　）

2. 多极接地装置可靠性强，适用于接地要求较高而设备接地点较多的场所。（　　）

3. 一般户外接地保护所用扁钢的厚度不小于 3 mm，截面积不小于 24 mm^2。（　　）

4. 在室外不易被人体触及的地方，接地支线要采用多股裸绞线，常用三芯或四芯橡胶护套电缆的黑色绝缘导线作为接地支线。（　　）

三、综合题

1. 简述不同工作条件下对接地电阻的要求。

2. 简述安装人工接地体时的规格要求及常见的安装形式。

3. 简述使用 ZC-8 型接地电阻测量仪测量接地体的接地电阻时的操作注意事项。

课题二
电工基本操作技能

任务1　导线的处理

工作任务

电工在实施作业时，首先要学会规范使用电工工具，然后根据需要正确使用工具对导线进行处理。

本任务要求利用常用导线加工工具、测量及紧固工具，完成导线的测量、剥削、连接、绝缘恢复等操作。

资讯学习

查阅教材及其他相关资料，了解和掌握完成本工作任务所需要的知识，并回答以下问题。

1. 哪些国家标准对电工用电线电缆有明确的分类？这些标准的具体规定是什么？

2. 简述教材中常用电工工具的特点和应用范围，并通过资讯检索和学习补充教材中未列举的1~2件工具，说明其特点、应用范围。

3. 教材中讲解了五类常见的导线处理操作，简述每类操作的实际应用。对于五类导线的处理操作，再各列举1种方法，说明其操作步骤。

任务准备

一、分组并制订工作计划

1. 根据工作任务的需求进行分组，并由组长组织组员协商，完成组员的任务分工，填写表2-1-1。

表2-1-1　小组成员分工表

班级		组别	
组员姓名	任务分工	备注	
		组长	

2. 小组讨论制订工作计划，分析计划的优缺点，并给出改进方案，将决策后的工作计划填入表 2-1-2 中。

表 2-1-2　工作计划决策方案

班级		组别		组长	
步骤	工作内容			负责人	

二、物料领用

根据任务要求，以小组为单位领取设备、工具、材料及其他用品。将领到的物料分类并填写表 2-1-3，由组长核对并签字确认。

表 2-1-3　设备、工具、材料及其他用品清单

班级			组别		组长	
序号	类别	清单				
1	设备					
2	工具					
3	材料					
4	其他用品					

三、安全文明生产检查

按照表 2-1-4 中列出的项目，以小组为单位进行安全文明生产检查，组长记录检查结果并签字确认。如发现有项目不能达到任务工作要求时应及时整改。

表 2-1-4　安全文明生产检查表

班级			组别		组长	
序号	检查项目					记录
1	熟读安全文明生产要求及设备使用说明					是□　否□
2	设备状况良好，通电试测正常					是□　否□
3	工具、材料齐备，符合电气安全及任务要求					是□　否□
4	安全防护及其他用品齐备，能正常使用					是□　否□
5	小组成员进入工作状态，个人防护用具穿戴合格					是□　否□

任务实施

一、测量单股芯线的线径

1. 用游标卡尺测量导线线径

根据图示结合实际操作，将图 2-1-1 中用游标卡尺测量导线线径的实施内容填写完整。

滑动游标卡尺________，用两外测量爪卡住导线________，使导线与卡口之间____________。

主尺对应刻度33

读取游标卡尺测量值的________数值，副尺零线左边主尺上的________刻度线是整数值，左图读数为________mm。

副尺对应刻度4

读取游标卡尺测量值的__________数值，在副尺上找到一条与____________________对齐的刻度线，从副尺上读出_________，左图读数为_______mm。

将上述两数值________，即为游标卡尺测得的__________，左图读数为________mm。

图 2-1-1　用游标卡尺测量导线线径

2. 用千分尺测量导线线径

根据图示结合实际操作，将图 2-1-2 中用千分尺测量导线线径的实施内容填写完整。

旋转________________，使________、________与________贴合，然后转动________，当听到其发出“咔、咔”声后，可开始读数。

主刻度1.5

看清固定套筒上露出的________，读出毫米数（________的刻度线）及半毫米数（________的刻度线），左图读数为________mm。

副刻度21.5

读活动套筒上的读数，用活动套筒上与固定套管的基准线________的标记格数，乘以________的分度值，即________×________ mm= ________mm。

将上述两数值________，即为________测得的________，左图读数为________mm。

图 2-1-2　用千分尺测量导线线径

二、剥削导线绝缘层

1. 剥削塑料硬导线

操作前需进行线径的判别，根据线径判别的结果将使用的工具记录在表 2-1-5 中。

表 2-1-5　根据塑料单股硬导线线径选择工具

芯线截面积	选用工具
小于 4 mm^2	
大于或等于 4 mm^2	

不同的工具剥削塑料硬导线绝缘层时有不同的操作方式，根据工艺要求并结合实际操作情况，归纳使用以下工具剥削塑料单股硬导线的操作步骤及注意事项，并记录在表 2-1-6 中。

表 2-1-6　使用不同工具剥削塑料单股硬导线的操作步骤及注意事项

项目	工具		
	钢丝钳	剥线钳	电工刀
操作步骤			
注意事项			

2. 剥削塑料软导线

剥削塑料软导线绝缘层常使用剥线钳完成，教材中小线径的塑料硬导线和塑料软导线绝缘层的剥削操作使用了两种不同的剥线钳，使用这两种剥线钳进行塑料软导线的剥削操作，归纳操作中的相同点和不同点，并比较两种剥线钳的优缺点，记录在表 2-1-7 中。

表 2-1-7　使用不同的剥线钳剥削塑料软导线绝缘层的操作比较

剥线钳图示	操作中的相同点	操作中的不同点	优缺点
			优点： 缺点：
			优点： 缺点：

3. 剥削塑料护套线

根据图示结合实际操作，将图 2-1-3 中用电工刀剥削塑料护套线绝缘层的实施内容填写完整。

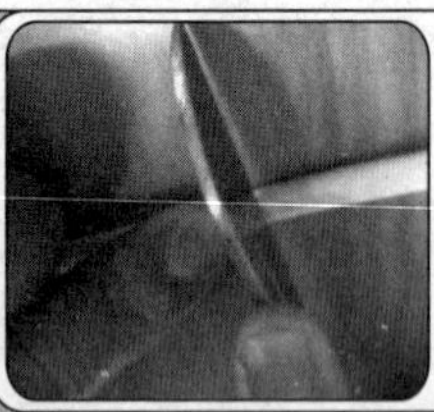

根据所选定要剥削的长度，使用电工刀__________________，不得损伤_______________和__________。

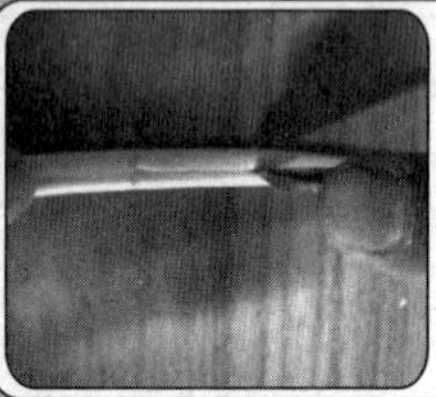

电工刀刀尖对准护套线的_____________部位，向__________侧划破护套层。

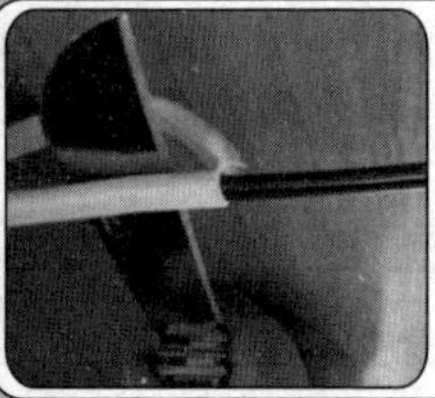

__________护套层，用电工刀__________切去。

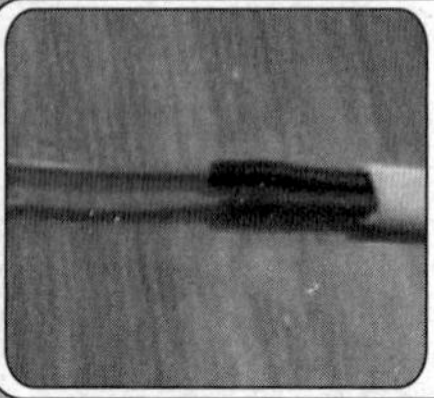

在距离护套层_____mm处，根据芯线的__________采用对应的方法剥削芯线绝缘层。

图 2-1-3　用电工刀剥削塑料护套线的绝缘层

三、连接导线

当导线不够长或要分接支路时，需要进行导线与导线的连接。根据不同导线的种类和线芯材料，采用不同的连接方法。

1. 单股芯线的直线连接

根据图示结合实际操作，将图 2-1-4 中单股芯线直线连接的操作步骤填写完整。

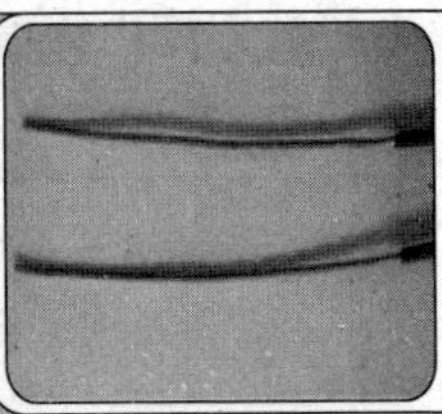

按照单股芯线导线绝缘层剥削的方法剥去导线的__________。

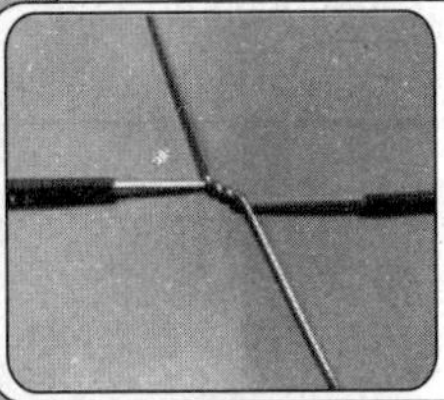

将两线端______相交，互相铰接________圈。

________两线头，使其与导线________。

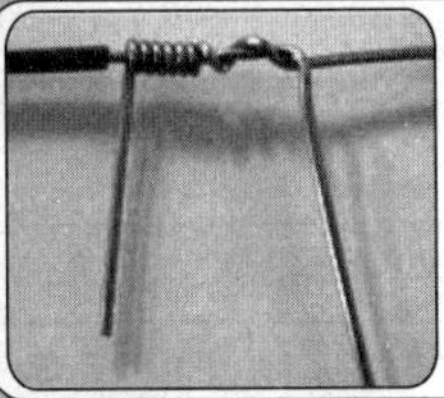

将一根导线在另一根导线上紧密缠绕________圈。

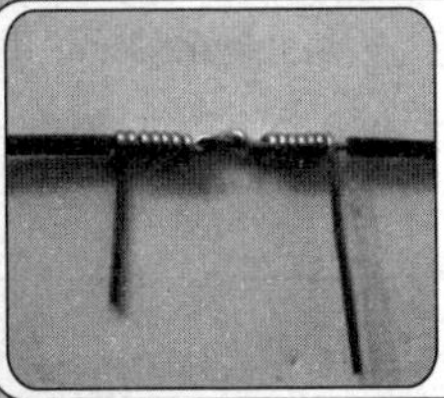

在另一端将剩下的一根导线同样紧密缠绕________圈。

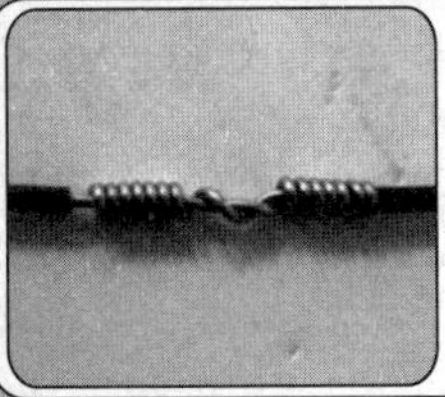

________多余的线头，并________切口，使之__________。

图 2-1-4　单股芯线直线连接

2. 单股芯线的 T 形连接

单股芯线 T 形连接时，需要根据导线线径确定缠绕形式，若__________，采用直接缠绕连接；若__________，采用结状缠绕连接。

根据图示结合实际操作，将图 2-1-5 中单股铜芯导线 T 形连接的实施内容填写完整。

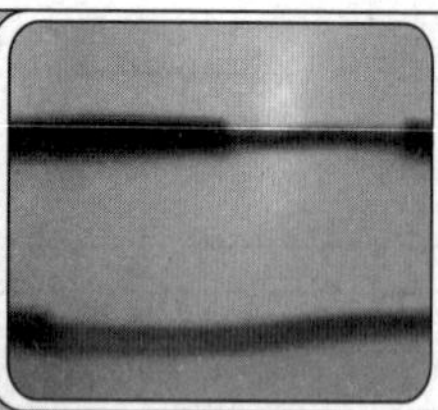

按照单股铜芯线导线绝缘层剥削的方法剥去导线的__________。

直接缠绕：
分支芯线与干路芯线______相交，______缠绕，使支路芯线根部留出__________mm。

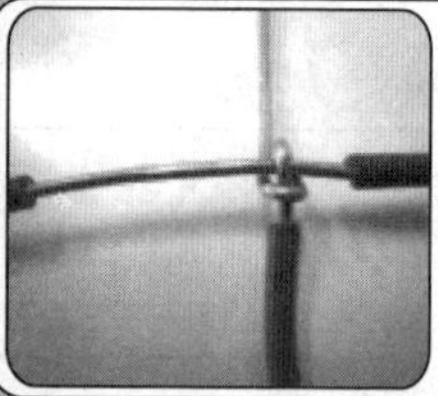

结状缠绕：
分支芯线与干路芯线______相交，______缠绕，使支路芯线根部留出__________mm。

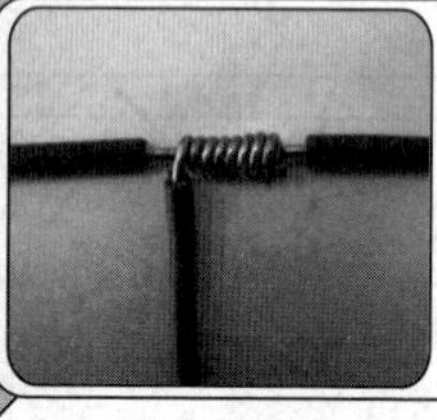

紧密缠绕__________圈后，用__________切去余下的芯线，并__________，使之__________。

图 2-1-5　单股铜芯导线 T 形连接

3. 多股芯线的直线连接

根据图示结合实际操作，将图 2-1-6 中多股铜芯导线直线连接的实施内容填写完整。

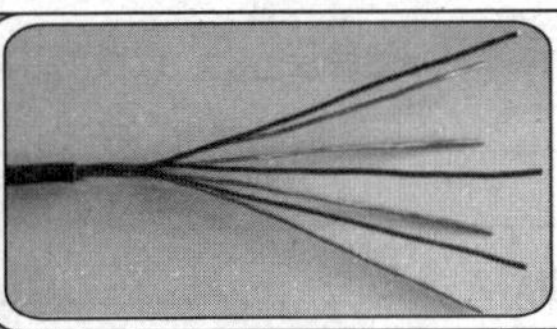

剥去_________，______芯线并______，将靠近根部____线段的芯线______，然后把余下的______芯线_____________，并________每根芯线。

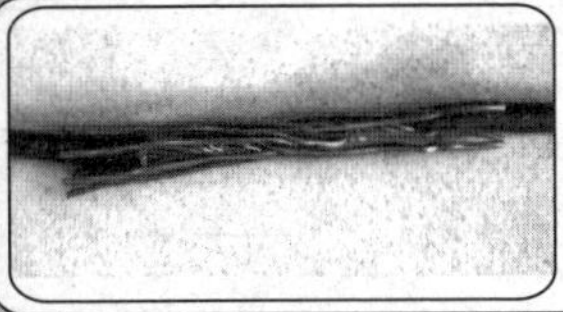

__________________芯线头，并捏平___________。

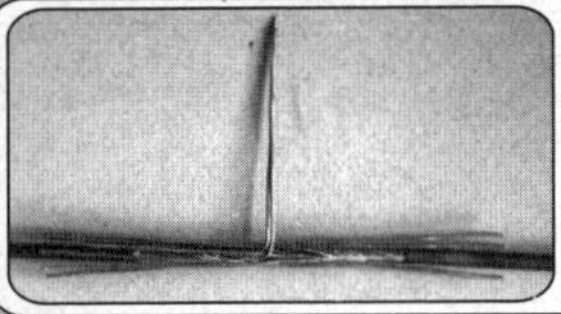

将一端7股芯线按______、______、_____根分成三组，扳起第一组的______根芯线，将其_______干线芯线并按_________方向缠绕。

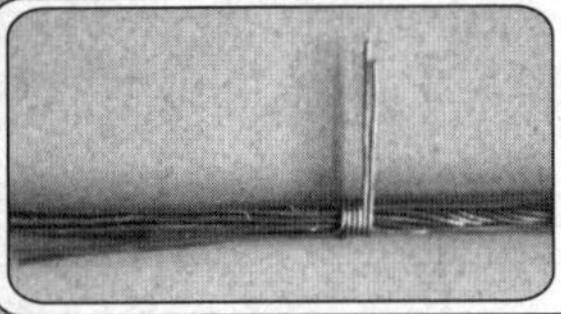

缠绕____圈后，将余下的芯线_________，再将第二组的_____根芯线_________，也按_______方向紧紧压着______________的芯线缠绕。

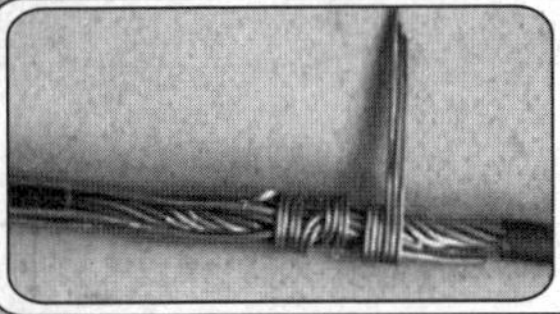

缠绕_____圈后，将余下的芯线_________，再将第三组的____根芯线__________，也按________方向紧紧压着________________的芯线缠绕。

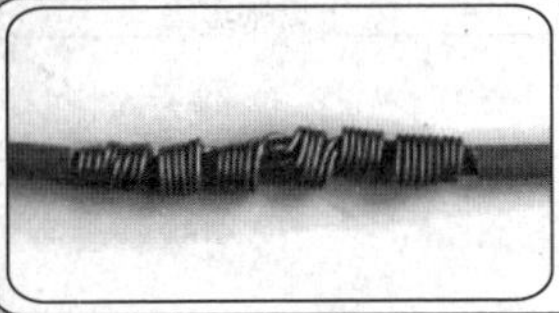

缠绕____圈后，切去每组____________，____________，使之____________，用同样的方法缠绕另一端的芯线。

图 2-1-6 多股铜芯导线直线连接

4. 多股芯线的 T 形连接

根据图示结合实际操作，将图 2-1-7 中多股芯线 T 形连接的实施内容填写完整。

5. 单股芯线与软导线的连接

根据图示结合实际操作，将图 2-1-8 中单股芯线与软导线连接的实施内容填写完整。

将分支芯线＿＿＿＿＿＿，绞紧距绝缘层＿＿＿线段的芯线，将余下＿＿＿的芯线分成＿＿＿＿、＿＿＿＿两组，将＿＿＿＿组支线并成一排，然后用＿＿＿＿＿或＿＿＿＿将干线芯线撬分成两边，再将＿＿＿＿组的支线从＿＿＿＿＿＿＿＿＿＿插入，＿＿＿＿组的支线放到＿＿＿＿。

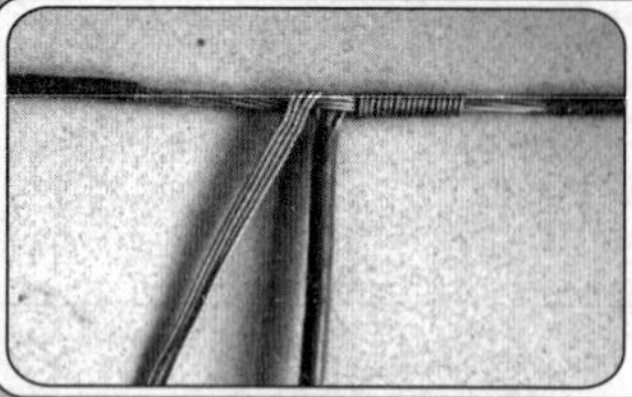

将＿＿＿组的支线紧贴干线向＿＿＿＿按＿＿＿＿方向紧密缠绕＿＿＿＿圈，＿＿＿＿组的支线紧贴干线向＿＿＿按＿＿＿＿方向紧密缠绕＿＿＿圈。

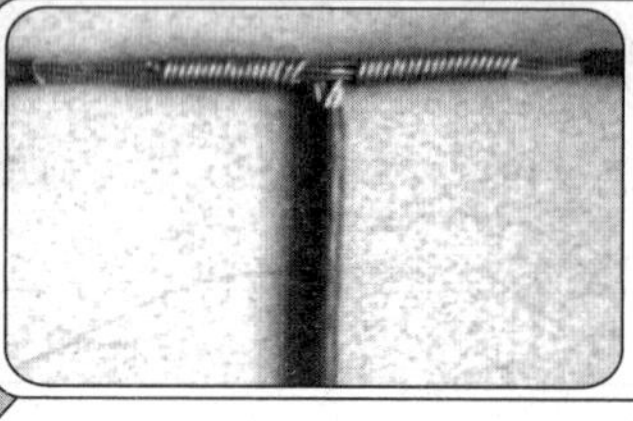

＿＿＿＿线端，使之＿＿＿＿＿。

图 2-1-7　多股芯线 T 形连接

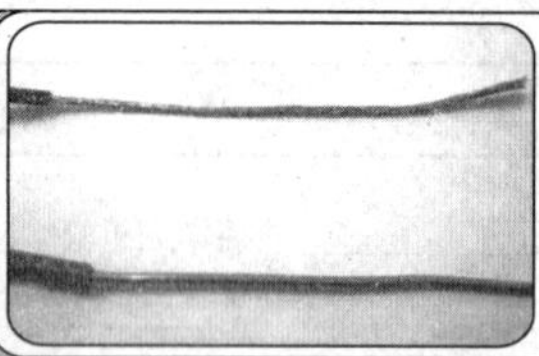

剥去导线的＿＿＿＿＿＿，多股软导线需＿＿＿＿＿＿。

将＿＿＿＿＿＿＿＿在＿＿＿＿＿上紧密缠绕＿＿＿＿圈。

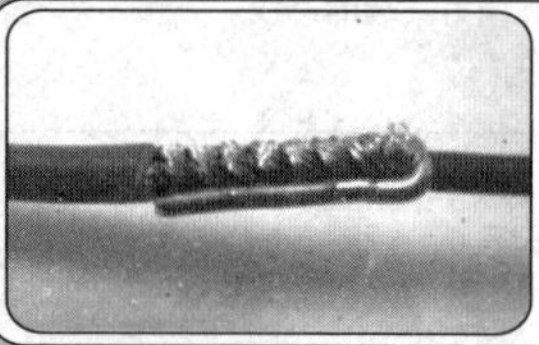

将＿＿＿＿＿＿＿＿＿向后弯曲压实，并钳去＿＿＿＿＿＿。

图 2-1-8　单股芯线与软导线连接

四、恢复导线绝缘层

根据图示结合实际操作，将图 2-1-9 中在 220 V 线路上恢复导线绝缘层的实施内容填写完整。

用________在导线距离绝缘切口________处（有绝缘层的位置）开始包缠，胶带采用与导线成_____的倾斜角进行包缠。

包缠时，每圈胶带应压叠前一层胶带的______带宽，同时注意压紧。包缠至另一端完整绝缘层上________的距离时切断胶带。

将黑胶带接在__________尾端，_______包缠，黑胶带与导线保持______的倾斜角，同样每圈压叠______带宽。

将黑胶带包缠到自粘绝缘带______位置，剪断________，压紧______，完成绝缘恢复。

图 2-1-9　在 220 V 线路上恢复导线绝缘层

五、连接导线与接线柱

1. 导线线头的成形

根据图示结合实际操作，将图 2-1-10 中制作连接圈的实施内容填写完整。

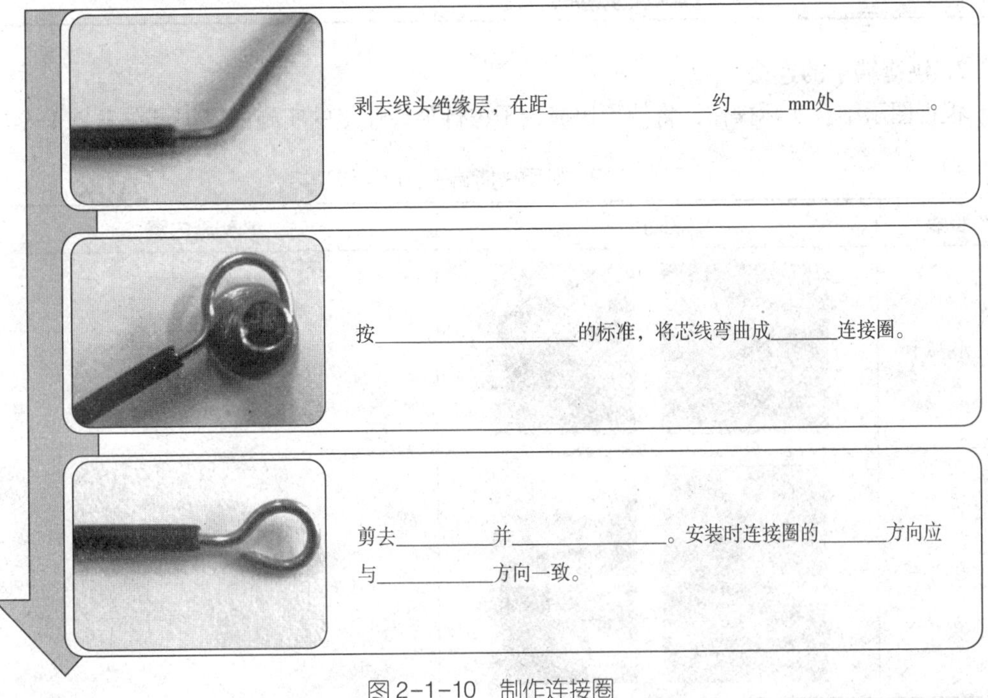

图 2-1-10　制作连接圈

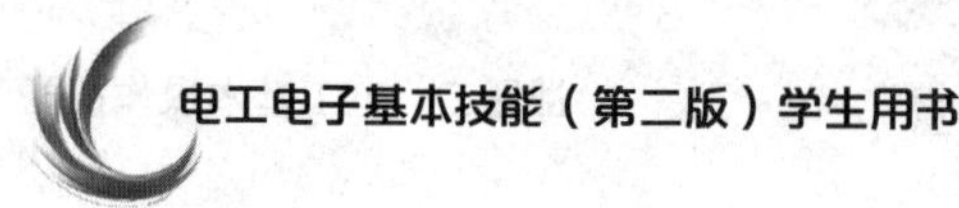

2. 导线线头与接线柱的连接

根据接线柱、导线线径和应用场合不同，结合实际操作，将导线线头与接线柱连接的实施内容记录在表 2-1-8 中。

表 2-1-8　导线线头与接线柱的连接

类型	图示	实施内容
孔式压片导线连接		
拱压式压片导线连接		
平压式压片导线连接		

3. 快捷端子的连接

根据图示结合实际操作，将使用快捷端子进行导线连接的实施内容记录在表 2-1-9 中。

表 2-1-9　使用快捷端子进行导线连接

步骤	图示	实施内容
针形端子	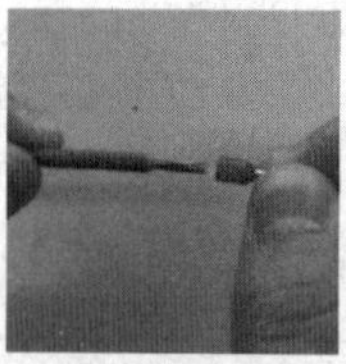 	
U 形端子	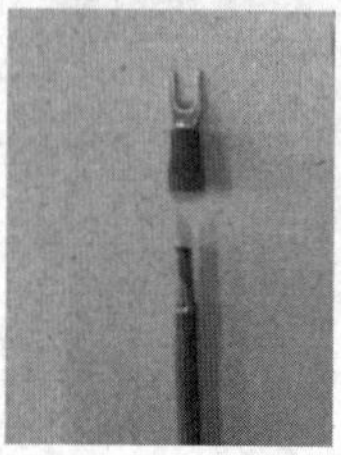 	

续表

步骤	图示	实施内容
O 形端子		

展示与评价

一、成果展示

1. 以小组为单位派出代表介绍自己小组的学习成果，听取并记录其他小组对本组学习成果的评价和建议。

2. 根据其他小组对本组展示成果的评价意见进行归纳总结，填写表 2-1-10。

表 2-1-10　成果展示情况评价表

班级		组别	
记录人		组长	
项目	记录		
资讯检索情况	良好□　一般□　不足□　不足说明：		
展示成果时表达情况	良好□　一般□　不足□　不足说明：		
团队合作情况	良好□　一般□　不足□　不足说明：		
创新情况	良好□　一般□　不足□　不足说明：		
技能掌握情况			
出现的问题			
解决的方法			

二、任务评价

由组长组织小组成员对工作任务完成情况进行自评和小组评价，然后再对每个成员在工作任务完成过程中的综合情况进行总体评价。

1. 根据技能操作的情况，对照表 2-1-11 进行技能操作评价。

表 2-1-11　技能操作评价表

<table>
<tr><td colspan="2">班级</td><td colspan="2"></td><td>组别</td><td colspan="2"></td></tr>
<tr><td colspan="2">被评价人</td><td colspan="2"></td><td>组长</td><td colspan="2"></td></tr>
<tr><td>序号</td><td>主要内容</td><td>考核要求</td><td>评价标准</td><td>配分/分</td><td>自评</td><td>组评</td></tr>
<tr><td rowspan="2">1</td><td rowspan="2">测量单股芯线的线径</td><td>用游标卡尺测量导线线径</td><td>能正确使用游标卡尺测量导线线径，读数准确，能规范保管游标卡尺
每处错误扣 2 分</td><td>8</td><td></td><td></td></tr>
<tr><td>用千分尺测量导线线径</td><td>能正确使用千分尺测量导线线径，读数准确，能规范保管千分尺
每处错误扣 2 分</td><td>8</td><td></td><td></td></tr>
<tr><td rowspan="3">2</td><td rowspan="3">剥削导线绝缘层</td><td>剥削塑料硬导线的绝缘层</td><td>能正确完成塑料硬导线绝缘层的剥削，操作符合工艺规范要求
每处错误扣 2 分</td><td>6</td><td></td><td></td></tr>
<tr><td>剥削塑料软导线的绝缘层</td><td>能正确完成塑料软导线绝缘层的剥削，操作符合工艺规范要求
每处错误扣 2 分</td><td>6</td><td></td><td></td></tr>
<tr><td>剥削塑料护套线的绝缘层</td><td>能正确完成塑料护套线绝缘层的剥削，操作符合工艺规范要求
每处错误扣 2 分</td><td>6</td><td></td><td></td></tr>
<tr><td rowspan="5">3</td><td rowspan="5">连接导线</td><td rowspan="2">完成单股芯线的连接</td><td>能正确完成单股芯线的直线连接，操作符合工艺规范要求
每处错误扣 2 分</td><td>8</td><td></td><td></td></tr>
<tr><td>能正确完成单股芯线的 T 形连接，操作符合工艺规范要求
每处错误扣 2 分</td><td>8</td><td></td><td></td></tr>
<tr><td rowspan="2">完成多股芯线的连接</td><td>能正确完成多股芯线的直线连接，操作符合工艺规范要求
每处错误扣 2 分</td><td>8</td><td></td><td></td></tr>
<tr><td>能正确完成多股芯线的 T 形连接，操作符合工艺规范要求
每处错误扣 2 分</td><td>8</td><td></td><td></td></tr>
<tr><td>完成单股芯线与软导线的连接</td><td>能正确完成单股芯线与软导线的连接，操作符合工艺规范要求
每处错误扣 2 分</td><td>8</td><td></td><td></td></tr>
</table>

续表

序号	主要内容	考核要求	评价标准	配分/分	自评	组评
4	恢复导线绝缘层	恢复导线的绝缘层	能正确恢复导线的绝缘层，操作符合工艺规范要求 每处错误扣2分	8		
5	连接导线与接线柱	制作导线连接圈	能正确制作导线连接圈，操作符合工艺规范要求 每处错误扣2分	6		
		处理导线线头与接线柱的连接	能正确处理导线线头与接线柱的连接，操作符合工艺规范要求 每处错误扣2分	6		
		完成快捷端子的连接	能正确完成快捷端子的连接，操作符合工艺规范要求 每处错误扣2分	6		
6	安全生产	注意安全操作	违反安全文明操作规程，扣5~20分			
备注			合计	100		
			年 月 日			

2. 对照表2-1-12进行综合评价。

表2-1-12 综合评价表

<table>
<tr><td>班级</td><td colspan="2"></td><td colspan="2">组别</td><td colspan="3"></td></tr>
<tr><td>被评价人</td><td></td><td>组长</td><td colspan="2"></td><td colspan="2">教师</td><td></td></tr>
<tr><td>序号</td><td colspan="2">评价内容</td><td>配分/分</td><td>自评（20%）</td><td>组评（20%）</td><td>师评（60%）</td><td>合计</td></tr>
<tr><td>1</td><td colspan="2">安全意识、时间意识</td><td>10</td><td></td><td></td><td></td><td></td></tr>
<tr><td>2</td><td colspan="2">工作态度、劳动纪律</td><td>10</td><td></td><td></td><td></td><td></td></tr>
<tr><td>3</td><td colspan="2">团队合作、交流与沟通能力</td><td>10</td><td></td><td></td><td></td><td></td></tr>
<tr><td>4</td><td colspan="2">资料检索能力</td><td>10</td><td></td><td></td><td></td><td></td></tr>
<tr><td>5</td><td colspan="2">计划制订能力</td><td>10</td><td></td><td></td><td></td><td></td></tr>
<tr><td>6</td><td colspan="2">操作规范性</td><td>15</td><td></td><td></td><td></td><td></td></tr>
<tr><td>7</td><td colspan="2">任务完成情况</td><td>10</td><td></td><td></td><td></td><td></td></tr>
<tr><td>8</td><td colspan="2">任务验收质量</td><td>15</td><td></td><td></td><td></td><td></td></tr>
<tr><td>9</td><td colspan="2">现场整理、清扫情况</td><td>10</td><td></td><td></td><td></td><td></td></tr>
<tr><td colspan="3">合计</td><td>100</td><td></td><td></td><td></td><td></td></tr>
<tr><td>创新能力（加20分）</td><td colspan="2">创新性思维和行动</td><td>20</td><td></td><td></td><td></td><td></td></tr>
<tr><td colspan="3">总 计</td><td>120</td><td></td><td></td><td></td><td></td></tr>
</table>

复习巩固

一、填空题

1. 如题图 2-1-1 所示，游标卡尺的主尺最小分度值为 1 mm，游标尺上有 10 个等分刻度，现用其来测量某工件的直径，则该工件的直径为________mm。

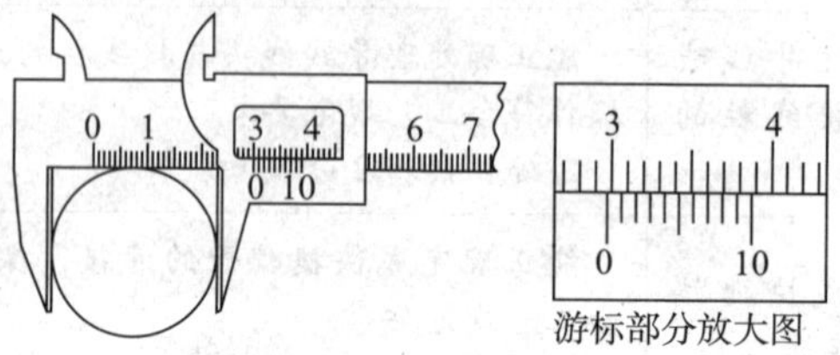

题图 2-1-1

2. 如题图 2-1-2 所示，游标卡尺的主尺最小分度值为 1 mm，游标尺上有 20 个等分刻度，现用其来测量某工件的内径，则该工件的内径为________mm。

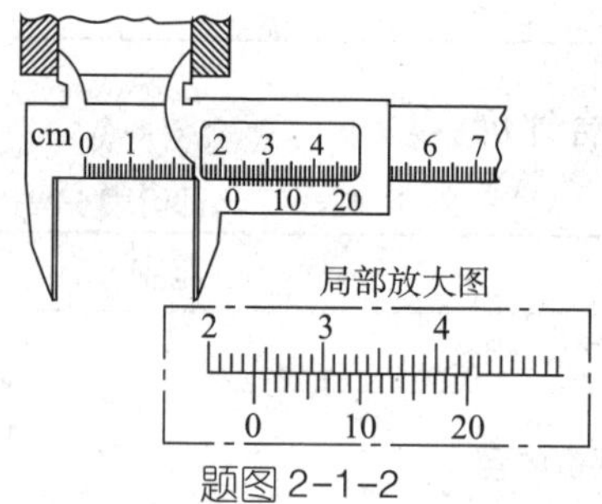

题图 2-1-2

3. 如题图 2-1-3 所示，A、B、C 的读数分别是：A 为______mm；B 为______mm；C 为______mm。

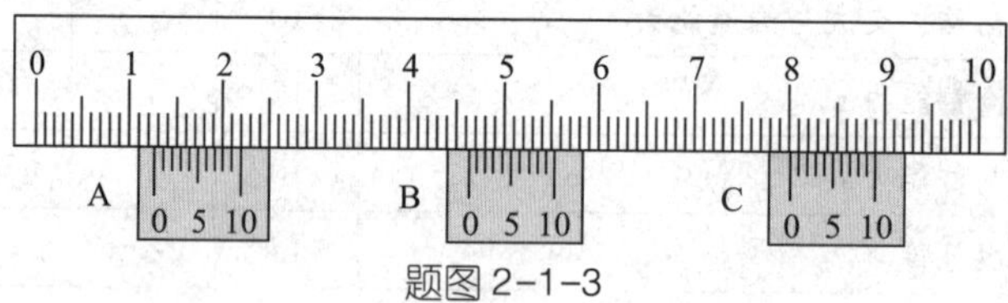

题图 2-1-3

4. 如题图 2-1-4 所示，A、B 的读数分别是：A 为______mm；B 为________mm。

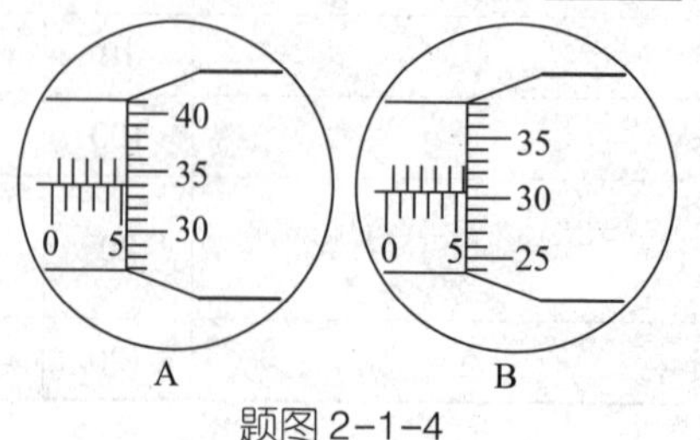

题图 2-1-4

5. 常用的电线、电缆按性能、结构、制造工艺及适用场合不同，可分为＿＿＿＿＿＿、＿＿＿＿＿＿、＿＿＿＿＿＿、＿＿＿＿＿＿、＿＿＿＿＿＿和＿＿＿＿＿＿六种。

二、选择题

1. 线芯截面积为 4 mm^2 及以下的塑料硬导线的绝缘层一般用（　　）和（　　）进行剥削。

A. 钢丝钳　　B. 电工刀　　C. 剥线钳　　D. 剪刀

2. 塑料护套线的绝缘层必须用（　　）剥削。

A. 钢丝钳　　B. 电工刀　　C. 剥线钳　　D. 剪刀

3. 导线与用电器或电气设备之间常用（　　）和（　　）连接。

A. 直线　　B. T 形分支　　C. 螺钉压接　　D. 接线柱

4. 恢复导线绝缘层时，绝缘带缠绕采用斜叠法，每圈压叠前一层的（　　）带宽。

A. 1/4　　B. 1/3　　C. 1/2　　D. 2/3

三、判断题（正确的打“√”，错误的打“×”）

1. 塑料软导线的绝缘层可用钢丝钳或电工刀进行剥削。（　　）
2. 剥削塑料护套线时，需划开护套层，但不必切去护套层。（　　）
3. 剥削导线绝缘层时，线芯稍有损伤无需重新剥削。（　　）
4. 导线连接之前，必须先去除绝缘层和线芯表面的氧化层。（　　）
5. 铜芯导线直线连接和 T 形分支连接时，线头的处理方法相同。（　　）
6. 导线绝缘层恢复后的绝缘强度应不低于原有的绝缘强度。（　　）
7. 使用螺钉旋具的口诀是：右拧紧、左拧松。（　　）

四、综合题

1. 简述不同规格螺钉旋具的使用方法。

2. 简述使用游标卡尺和千分尺测量导线线径时的注意事项。

3. 恢复导线绝缘层需要注意什么？

4. 简述剥线钳的使用方法。

5. 简述电工刀的使用注意事项。

任务 2　万用表的使用

工作任务

万用表作为一种多用途电工测量仪表，广泛应用于各类电路的常用电参数测量。本任务要求使用万用表测量电压、电流、电阻等常用电参数。

查阅教材及其他相关资料，了解和掌握完成本工作任务所需要的知识，并回答以下问题。

1. 万用表可以测量多种电参数，查阅资料，说明下列挡位所测量电参数的含义：电阻挡、电容挡、电感挡、直流电流挡、直流电压挡、交流电压挡、三极管放大倍数挡、分贝挡。

2. 通过资讯检索，选择一种常见的数字式万用表，参考使用说明书和教材中各类电参数的测量步骤，编写该万用表的测量操作手册。

一、分组并制订工作计划

1. 根据工作任务的需求进行分组，并由组长组织组员协商，完成组员的任务分工，填写表 2-2-1。

表 2-2-1　小组成员分工表

班级		组别	
组员姓名	任务分工	备注	
		组长	

2. 小组讨论制订工作计划，分析计划的优缺点，并给出改进方案，将决策后的工作计划填入表 2-2-2 中。

表 2-2-2　工作计划决策方案

班级		组别		组长	
步骤	工作内容			负责人	

二、物料领用

根据任务要求，以小组为单位领取设备、工具、材料及其他用品。将领到的物料分类并填写表 2-2-3，由组长核对并签字确认。

表 2-2-3　设备、工具、材料及其他用品清单

班级		组别		组长	
序号	类别	清单			
1	设备				
2	工具				
3	材料				
4	其他用品				

三、安全文明生产检查

按照表 2-2-4 中列出的项目，以小组为单位进行安全文明生产检查，组长记录检查结果并签字确认。如发现有项目不能达到任务工作要求时应及时整改。

表 2-2-4　安全文明生产检查表

班级		组别		组长	
序号	检查项目				记录
1	熟读安全文明生产要求及设备使用说明				是□　否□
2	设备状况良好，通电试测正常				是□　否□
3	工具、材料齐备，符合电气安全及任务要求				是□　否□
4	安全防护及其他用品齐备，能正常使用				是□　否□
5	小组成员进入工作状态，个人防护用具穿戴合格				是□　否□

任务实施

一、使用数字式万用表测量常用电参数

1. 认识数字式万用表挡位

在图 2-2-1 中写出数字式万用表对应挡位的名称。

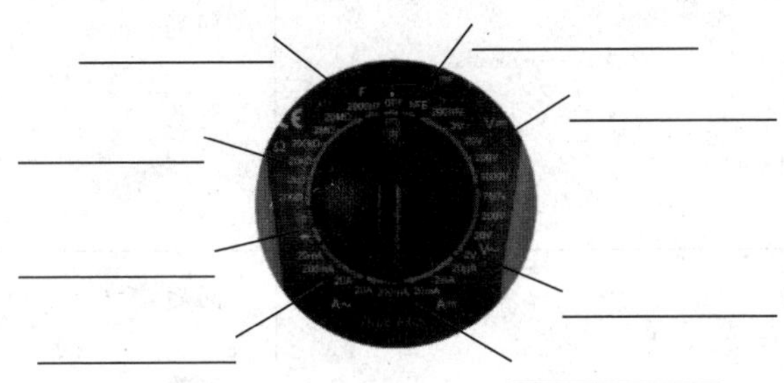

图 2-2-1　数字式万用表挡位

2. 测量常用电参数

根据实际操作情况，将用数字式万用表测量常用电参数的实施内容和测量过程中发现的问题及整改情况记录在表 2-2-5 中。

表 2-2-5　用数字式万用表测量常用电参数

测量的电参数	实施内容	测量过程中发现的问题及整改情况
直流电压		问题： 整改：
直流电流		问题： 整改：
交流电压		问题： 整改：

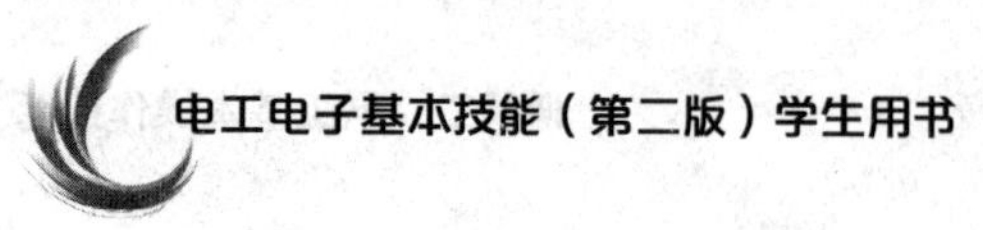

续表

测量的电参数	实施内容	测量过程中发现的问题及整改情况
交流电流		问题： 整改：
电阻		问题： 整改：
三极管放大倍数		问题： 整改：

二、使用指针式万用表测量常用电参数

1. 指针式万用表使用前的准备

（1）熟悉指针式万用表的面板

将指针式万用表面板各部分的名称填入图 2-2-2 对应位置。

图 2-2-2　指针式万用表面板

（2）熟悉指针式万用表的表头刻度

将指针式万用表的表头八条刻度线名称填入图 2-2-3 对应位置。

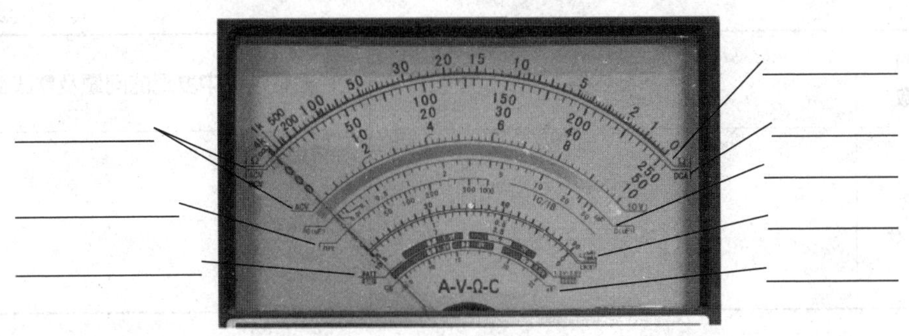

图 2-2-3 指针式万用表表头

(3) 机械调零

使用指针式万用表之前应观察指针是否在______，若指针不在______，应用一字旋具调节______旋钮，使指针回到______。

2. 测量常用电参数

根据实际操作情况，将用指针式万用表测量常用电参数的实施内容和测量过程中发现的问题及整改情况记录在表 2-2-6 中。

表 2-2-6 用指针式万用表测量常用电参数

测量的电参数	实施内容	测量过程中发现的问题及整改情况
直流电压		问题： 整改：
交流电压		问题： 整改：
直流电流		问题： 整改：
电阻		问题： 整改：

续表

测量的电参数	实施内容	测量过程中发现的问题及整改情况
三极管放大倍数		问题： 整改：

展示与评价

一、成果展示

1. 以小组为单位派出代表介绍自己小组的学习成果，听取并记录其他小组对本组学习成果的评价和建议。

2. 根据其他小组对本组展示成果的评价意见进行归纳总结，填写表 2-2-7。

表 2-2-7　成果展示情况评价表

班级		组别	
记录人		组长	
项目	记录		
资讯检索情况	良好□　一般□　不足□　不足说明：		
展示成果时表达情况	良好□　一般□　不足□　不足说明：		
团队合作情况	良好□　一般□　不足□　不足说明：		
创新情况	良好□　一般□　不足□　不足说明：		
技能掌握情况			
出现的问题			
解决的方法			

二、任务评价

由组长组织小组成员对工作任务完成情况进行自评和小组评价，然后再对每个成员在工作任务完成过程中的综合情况进行总体评价。

1. 根据技能操作的情况，对照表2-2-8进行技能操作评价。

表2-2-8 技能操作评价表

<table>
<tr><td colspan="2">班级</td><td colspan="2"></td><td>组别</td><td colspan="2"></td></tr>
<tr><td colspan="2">被评价人</td><td colspan="2"></td><td>组长</td><td colspan="2"></td></tr>
<tr><td>序号</td><td>主要内容</td><td>考核要求</td><td>评价标准</td><td>配分/分</td><td>自评</td><td>组评</td></tr>
<tr><td rowspan="7">1</td><td rowspan="7">使用数字式万用表测量常用电参数</td><td>认识数字式万用表</td><td>能正确填写数字式万用表面板和各挡位的名称
每处错误扣2分</td><td>8</td><td></td><td></td></tr>
<tr><td>测量直流电压</td><td>能正确测量直流电压，读数准确，操作符合工艺规范要求
每处错误扣2分</td><td>8</td><td></td><td></td></tr>
<tr><td>测量直流电流</td><td>能正确测量直流电流，读数准确，操作符合工艺规范要求
每处错误扣2分</td><td>8</td><td></td><td></td></tr>
<tr><td>测量交流电压</td><td>能正确测量交流电压，读数准确，操作符合工艺规范要求
每处错误扣2分</td><td>8</td><td></td><td></td></tr>
<tr><td>测量交流电流</td><td>能正确测量交流电流，读数准确，操作符合工艺规范要求
每处错误扣2分</td><td>8</td><td></td><td></td></tr>
<tr><td>测量电阻</td><td>能完成欧姆调零，正确测量电阻，读数准确，操作符合工艺规范要求
每处错误扣2分</td><td>8</td><td></td><td></td></tr>
<tr><td>测量三极管放大倍数</td><td>能通过查阅资料，确定三极管的管型和管极，正确测量三极管放大倍数，读数准确，操作符合工艺规范要求
每处错误扣2分</td><td>6</td><td></td><td></td></tr>
<tr><td rowspan="4">2</td><td rowspan="4">使用指针式万用表测量常用电参数</td><td>指针式万用表使用前的准备</td><td>能正确填写指针式万用表面板和各挡位的名称，完成机械调零
每处错误扣2分</td><td>8</td><td></td><td></td></tr>
<tr><td>测量直流电压</td><td>能正确测量直流电压，读数准确，操作符合工艺规范要求
每处错误扣2分</td><td>8</td><td></td><td></td></tr>
<tr><td>测量直流电流</td><td>能正确测量直流电流，读数准确，操作符合工艺规范要求
每处错误扣2分</td><td>8</td><td></td><td></td></tr>
<tr><td>测量交流电压</td><td>能正确测量交流电压，读数准确，操作符合工艺规范要求
每处错误扣2分</td><td>8</td><td></td><td></td></tr>
</table>

续表

序号	主要内容	考核要求	评价标准	配分/分	自评	组评
2	使用指针式万用表测量常用电参数	测量电阻	能正确测量电阻，读数准确，操作符合工艺规范要求 每处错误扣2分	8		
		测量三极管放大倍数	能通过查阅资料，确定三极管的管型和管极，正确测量三极管放大倍数，读数准确，操作符合工艺规范要求 每处错误扣2分	6		
3	安全生产	注意安全操作	违反安全文明操作规程，扣5~20分			
备注			合计	100		
			年　月　日			

2. 对照表2-2-9进行综合评价。

表2-2-9　综合评价表

班级			组别				
被评价人		组长		教师			
序号	评价内容		配分/分	自评（20%）	组评（20%）	师评（60%）	合计
1	安全意识、时间意识		10				
2	工作态度、劳动纪律		10				
3	团队合作、交流与沟通能力		10				
4	资料检索能力		10				
5	计划制订能力		10				
6	操作规范性		15				
7	任务完成情况		10				
8	任务验收质量		15				
9	现场整理、清扫情况		10				
合计			100				
创新能力（加20分）	创新性思维和行动		20				
总计			120				

复习巩固

一、填空题

1. 万用表常用来测量____________、______________、______________等物理量的值。

2. 指针式万用表的四个插孔分别是_______、_________、_______、_______（符号）。

3. 数字式万用表的四个插孔分别是_______、_________、_______、_______（符号）。

4. 指针式万用表表头刻度盘的刻度线分别是___________、_______________、____________、__________________________、___________、_______________、________________、___________。

二、判断题（正确的打"√"，错误的打"×"）

1. 指针式和数字式万用表都可以测量交流电流。（ ）

2. 指针式和数字式万用表测量二极管的方法相同。（ ）

3. 使用万用表测量电阻时，不需要预估电阻值，可以先选用较大量程再逐步转换到较小量程进行测量。（ ）

4. 使用万用表测量电压而无法预估电压值时，需要先选用较大量程再逐步转换到较小量程进行测量。（ ）

5. 指针式和数字式万用表的表笔插孔相同。（ ）

三、综合题

1. 简述使用指针式万用表测量电阻的方法。

2. 简述使用指针式万用表检测无标志二极管的方法。

任务 3　单控灯照明电路的安装、调试与检修

工作任务

在照明电路中，用一只单控开关来控制照明灯具亮与灭的控制电路称为单控灯照明电路。单控灯照明电路是基本照明电路中应用最广泛的一种。

本任务要求完成护套线配线单控灯照明电路的安装、调试与检修。

资讯学习

查阅教材及其他相关资料，了解和掌握完成本工作任务所需要的知识，并回答以下问题。

1. 本任务涉及哪些国家标准？这些标准的具体内容是什么？

2. 教材中介绍的照明电路元件主要有灯具、控制元件、保护元件三类。通过资讯检索和学习，每类再列举 1 个元件，说明其工作原理。

3. 通过教材中照明电路电气符号和电路原理的学习，说明图 2-3-1 中标注元件①~⑥的名称，并简述 7 个房间的照明控制原理。

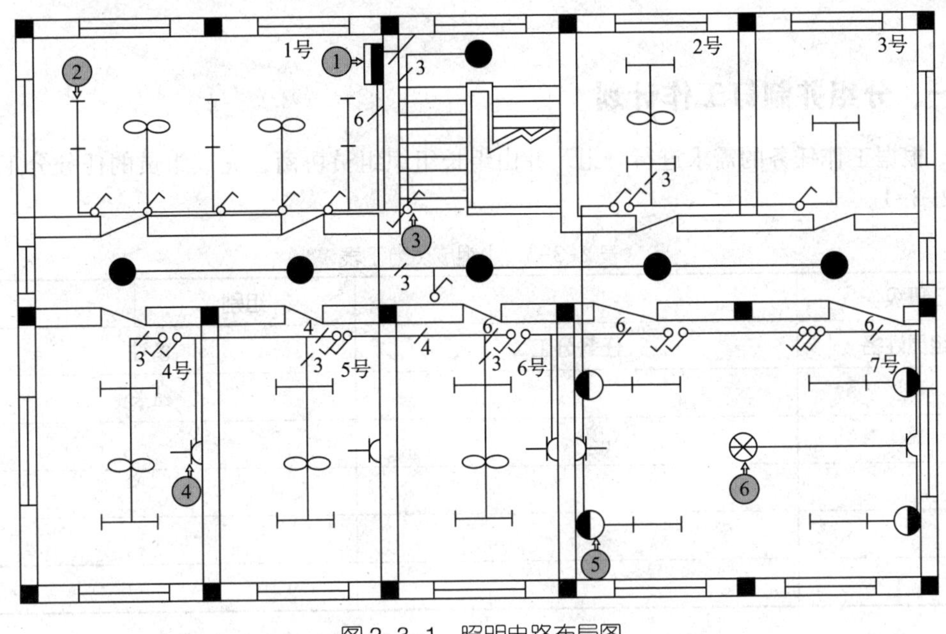

图 2-3-1 照明电路布局图

4. 通过资讯检索和学习，说明室内配线和室外配线、照明配线和动力配线的区别。

任务准备

一、分组并制订工作计划

1. 根据工作任务的需求进行分组，并由组长组织组员协商，完成组员的任务分工，填写表 2-3-1。

表 2-3-1　小组成员分工表

班级		组别	
组员姓名	任务分工	备注	
		组长	

2. 小组讨论制订工作计划，分析计划的优缺点，并给出改进方案，将决策后的工作计划填入表 2-3-2 中。

表 2-3-2　工作计划决策方案

班级		组别		组长	
步骤	工作内容			负责人	

二、物料领用

根据任务要求，以小组为单位领取设备、工具、材料及其他用品。将领到的物料分类并填写表 2-3-3，由组长核对并签字确认。

表 2-3-3　设备、工具、材料及其他用品清单

班级		组别		组长	
序号	类别	清单			
1	设备				

续表

序号	类别	清单
2	工具	
3	材料	
4	其他用品	

三、安全文明生产检查

按照表2-3-4中列出的项目，以小组为单位进行安全文明生产检查，组长记录检查结果并签字确认。如发现有项目不能达到任务工作要求时应及时整改。

表2-3-4 安全文明生产检查表

班级		组别		组长	
序号	检查项目				记录
1	熟读安全文明生产要求及设备使用说明				是□ 否□
2	设备状况良好，通电试测正常				是□ 否□
3	工具、材料齐备，符合电气安全及任务要求				是□ 否□
4	安全防护及其他用品齐备，能正常使用				是□ 否□
5	小组成员进入工作状态，个人防护用具穿戴合格				是□ 否□

任务实施

一、安装单控灯照明电路

1. 绘制单控灯照明电路安装图

在任务实施前，按照规范绘制单控灯照明电路安装图。

2. 定位画线、固定元件

根据单控灯照明电路安装图的尺寸和要求，画出导线敷设路径和各元件的位置，并完成元件的固定。结合实际操作情况填写表2-3-5。

表 2-3-5　定位画线、固定元件

操作项目	操作记录	关键操作
定位画线		根据______确定元件的位置，做好标记，画出导线____________
固定元件		导轨的安装要______（水平/垂直）；接线盒安装时需注意将穿线孔对准_______方向

3. 护套线配线

（1）确定导线数量及类型

教材图 2-3-7 所示的单控灯照明电路配线中，“⫽”表示________________________，BVV2×1. 5 mm^2 表示____。

（2）敷设护套线

根据护套线敷设的要求，完成护套线的敷设，结合实际操作情况填写表 2-3-6。

表 2-3-6　敷设护套线

操作项目	操作记录	关键操作
敷设导线		按照护套线敷设要求敷设护套线，并逐段______、______
接线盒布线		护套线进入接线盒后，预留_______长度并剪断护套线
转角处理		转角敷设导线时，在_______位置固定导线

4. 安装元件

按照工艺要求进行元件的安装，结合实际操作情况填写表 2-3-7。

表 2-3-7　元件的安装与连接

元件	操作记录	关键操作
开关		将中性线进行_________连接并做_________处理；将相线和开关控制线连接到开关的____和____接线柱上并紧固
灯座		去掉护套线芯线的绝缘层，并制作成______（顺时针/逆时针）连接圈；将导线与接线柱连接好，注意开关控制线（相线）接_______________，中性线接____________
漏电保护断路器		固定漏电保护断路器，将相线和中性线分别接入_____和_____标识的接线柱并紧固

二、调试与检修单控灯照明电路

1. 根据实际操作情况，将检查与调试操作和现象记录在表 2-3-8 中。

表 2-3-8　单控灯照明电路的检查与调试

项目	操作记录	现象与分析
短路检查		
通电调试		

2. 人为设置故障点，运用已学知识进行单控灯照明电路故障排除，并记录故障排除过程中遇到的问题。

展示与评价

一、成果展示

1. 以小组为单位派出代表介绍自己小组的学习成果，听取并记录其他小组对本组学习成果的评价和建议。

2. 根据其他小组对本组展示成果的评价意见进行归纳总结，填写表 2-3-9。

表 2-3-9　成果展示情况评价表

班级		组别	
记录人		组长	
项目	记录		
资讯检索情况	良好□　一般□　不足□　不足说明：		
展示成果时表达情况	良好□　一般□　不足□　不足说明：		
团队合作情况	良好□　一般□　不足□　不足说明：		
创新情况	良好□　一般□　不足□　不足说明：		
技能掌握情况			
出现的问题			
解决的方法			

二、任务评价

由组长组织小组成员对工作任务完成情况进行自评和小组评价，然后再对每个成员在工作任务完成过程中的综合情况进行总体评价。

1. 根据技能操作的情况，对照表 2-3-10 进行技能操作评价。

表 2-3-10　技能操作评价表

班级			组别			
被评价人			组长			
序号	主要内容	考核要求	评价标准	配分/分	自评	组评
1	单控灯照明电路的安装、调试与检修	安装图绘制	图形符号规范 不符合要求每处扣 1 分	4		
			文字标注规范 不符合要求每处扣 1 分	4		
			尺寸标注合理 不符合要求每处扣 1 分	4		
		定位画线、固定元件	布局合理 不符合要求每处扣 1 分	4		
			线迹清晰 不符合要求每处扣 1 分	4		
			符号明显 不符合要求每处扣 1 分	4		
			元件固定牢靠 不符合要求每处扣 1 分	4		

续表

序号	主要内容	考核要求	评价标准	配分/分	自评	组评
1	单控灯照明电路的安装、调试与检修	护套线配线	线径选择（识读）正确 每处错误扣1分	4		
			护套线预留长度合适 不符合要求每处扣1分	4		
			护套线绑扎牢靠 不符合要求每处扣1分	4		
			扎带剩余长度合适 不符合要求每处扣1分	4		
			护套线转弯半径合适 不符合要求每处扣1分	4		
		元件安装与连接	导线处理合理 不符合要求每处扣1分	4		
			导线线头与元件连接规范 不符合要求每处扣1分	4		
			灯座处中性线、相线接线正确 每处错误扣1分	4		
			断路器中性线、相线接线正确 每处错误扣1分	4		
		通电前检查	正确使用万用表测量电路“通”“断”“短” 每处错误扣1分	6		
		通电调试	通电操作规范 不符合要求每处扣1分	7		
			通电调试成功 调试不成功扣7分	7		
		故障检修	正确了解故障现象 每处错误扣1分	4		
			正确分析故障原因 每处错误扣1分	4		
			正确实施检修 每处错误扣1分	4		
			正确进行调试及结果记录 每处错误扣1分	4		
2	安全生产	注意安全操作	违反安全文明操作规程，扣5~20分			
备注			合计	100		
			年　月　日			

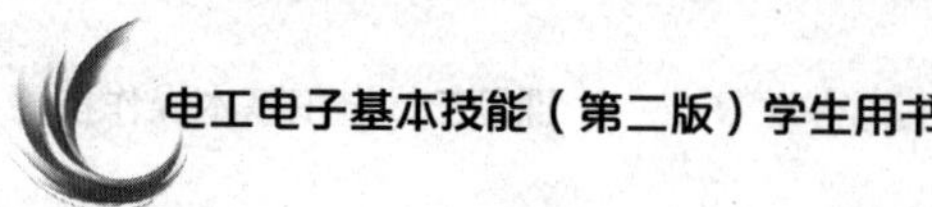

2. 对照表 2-3-11 进行综合评价。

表 2-3-11　综合评价表

班级		组别				
被评价人	组长		教师			
序号	评价内容	配分/分	自评（20%）	组评（20%）	师评（60%）	合计
1	安全意识、时间意识	10				
2	工作态度、劳动纪律	10				
3	团队合作、交流与沟通能力	10				
4	资料检索能力	10				
5	计划制订能力	10				
6	操作规范性	15				
7	任务完成情况	10				
8	任务验收质量	15				
9	现场整理、清扫情况	10				
合计		100				
创新能力（加 20 分）	创新性思维和行动	20				
总 计		120				

复习巩固

一、填空题

1. 室内照明电路的配线方式分为_________、_________两种。

2. 开关的作用是接通和断开电路，常见的开关有____________、____________、____________、____________等。

3. 漏电保护断路器具有_________、_________、_________保护功能，一般分为_________、_________、_________、_________。

4. 室内使用的护套线的截面积，铜芯线不得小于_____ mm^2，铝芯线不得小于_____ mm^2。室外使用的护套线的截面积，铜芯线不得小于_____ mm^2，铝芯线不得小于_____ mm^2。

5. 常用的照明电路中，平灯头在接线时，螺纹接________线，中间舌片接_______线。

二、判断题（正确的打“√”，错误的打“×”）

1. LED 球泡灯可以在原有的白炽灯灯座和线路上直接使用。（　　）
2. 所谓“联”，又称为“位”或“开”，是指在一个面板上有几个开关功能模块。（　　）
3. 双控开关可以作为单控开关用。（　　）
4. 护套线截面积小，大容量电路不宜采用。（　　）
5. 室内使用的护套线的截面积，铜芯线不得小于 1.5 mm^2，铝芯线不得小于 0.5 mm^2。（　　）

三、综合题

1. 根据照明电路电气元件的名称或图形符号，将题表 2-3-1 中的内容填写完整。

题表 2-3-1

名称	图形符号	名称	图形符号
明装单极开关			
拉线开关			
暗装单极开关			
明装双控开关			
拉线双控开关			
明装双极开关			
暗装双极开关			
暗装调光开关			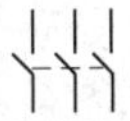

2. 照明电路在运行中，会因为各种原因而出现一些故障，对于故障的检修分为四个步骤，将检修步骤和说明填写在题表 2-3-2 中。

题表 2-3-2

步骤	说明

任务 4　双控灯照明电路的安装、调试与检修

工作任务

本任务要求完成线槽配线双控 LED 吸顶灯照明电路的安装、调试与检修。

资讯学习

查阅教材及其他相关资料，了解和掌握完成本工作任务所需要的知识，并回答以下问题。

1. 通过资讯检索和学习，分析不同场合（如工厂车间、教室、道路、商场、办公楼、宾馆等）的照明电路元件，说明其特点、适用范围、安装要求等。

2. 通过资讯检索和学习，列举不同种类的线槽（至少 3 种），说明其特点、适用范围、安装要求等。

3. 通过资讯检索和学习，列举不同种类的照明灯具（至少 3 种），说明其特点、适用范围、安装要求等。

一、分组并制订工作计划

1. 根据工作任务的需求进行分组，并由组长组织组员协商，完成组员的任务分工，填写表 2-4-1。

表 2-4-1　小组成员分工表

班级		组别	
组员姓名	任务分工	备注	
		组长	

2. 小组讨论制订工作计划，分析计划的优缺点，并给出改进方案，将决策后的工作计划填入表 2-4-2 中。

表 2-4-2　工作计划决策方案

班级		组别		组长	
步骤	工作内容			负责人	

二、物料领用

根据任务要求，以小组为单位领取设备、工具、材料及其他用品。将领到的物料分类并填写表 2-4-3，由组长核对并签字确认。

表 2-4-3　设备、工具、材料及其他用品清单

班级		组别		组长	
序号	类别	清单			
1	设备				
2	工具				
3	材料				
4	其他用品				

三、安全文明生产检查

按照表 2-4-4 中列出的项目，以小组为单位进行安全文明生产检查，组长记录检查结果并签字确认。如发现有项目不能达到任务工作要求时应及时整改。

表 2-4-4　安全文明生产检查表

班级		组别		组长	
序号	检查项目				记录
1	熟读安全文明生产要求及设备使用说明				是□　否□
2	设备状况良好，通电试测正常				是□　否□
3	工具、材料齐备，符合电气安全及任务要求				是□　否□
4	安全防护及其他用品齐备，能正常使用				是□　否□
5	小组成员进入工作状态，个人防护用具穿戴合格				是□　否□

一、安装双控灯照明电路

1. 绘制双控 LED 吸顶灯照明电路安装图

在任务实施前，按照规范绘制双控 LED 吸顶灯照明电路安装图。

2. 定位画线、固定元件

根据双控 LED 吸顶灯照明电路安装图的尺寸和要求，画出导线敷设路径和各元件的位置，并完成元件和线槽底板的固定。结合实际操作情况填写表 2-4-5。

表 2-4-5 定位画线、固定元件

操作项目	操作记录	关键操作
定位画线		同上一任务
固定元件		导轨及接线盒同上一任务；槽板底板固定点的距离不大于____mm；转角拼接时，两槽板对接处锯成____°，拼接后两槽板夹角为____°；在接缝____mm 处固定

3. 配线

（1）确定导线数量及颜色

根据教材图 2-4-6，填写配线数量及颜色。

从 QF 到 XS 配线____根，分别是______________________________。

从 XS 到 SA1 配线____根，分别是______________________________。

从 SA1 到 SA2 配线____根，分别是______________________________。

从 SA2 到 EL 配线____根，分别是______________________________。

配线时相线选用______色、______色、______色，中性线选用_______色，地线选用_______色。

（2）敷设导线

按照室内照明电路配线要求和槽板配线的要求完成导线的敷设。结合实际操作情况填写表 2-4-6。

表 2-4-6 敷设导线

敷设位置	操作记录
断路器 QF-插座 XS	
插座 XS-开关 SA1	
开关 SA1-开关 SA2	
开关 SA2-吸顶灯 EL	

4. 安装元件

按照元件安装的工艺要求，结合实际操作情况填写表 2-4-7。

表 2-4-7　元件的安装与连接

元件	操作记录	关键操作
漏电保护断路器		同上一任务
插座		同上一任务
双控开关		按照双控开关接线柱的标注，将相线接入开关 SA1 的中心公共接线柱____，将负载控制线接入开关 SA2 的中心公共接线柱____，将 SA1 和 SA2 的两个控制接线柱____和____通过控制线两两对接
LED 吸顶灯		将控制线和中性线分别与恒流驱动电源的________端连接，并用绝缘胶布将接头处恢复绝缘；将恒流驱动电源的________导线与 LED 灯片插座连接，注意________极

二、调试与检修双控灯照明电路

1. 通电前首先根据________图和__________图检查电路连接是否正确，检查无误后再使用__________表进行短路检查，通过短路检查后，方可进行通电试验。将实际操作和现象记录在表 2-4-8 中。

表 2-4-8　双控灯照明电路的检查与调试

项目	操作记录	现象与分析
短路检查		
通电调试		

2. 人为设置故障点，运用已学知识进行双控灯照明电路故障排除，并记录故障排除过程中遇到的问题。

展示与评价

一、成果展示

1. 以小组为单位派出代表介绍自己小组的学习成果，听取并记录其他小组对本组学习成果的评价和建议。

2. 根据其他小组对本组展示成果的评价意见进行归纳总结，填写表2-4-9。

表2-4-9　成果展示情况评价表

班级		组别	
记录人		组长	
项目	记录		
资讯检索情况	良好□　一般□　不足□　不足说明：		
展示成果时表达情况	良好□　一般□　不足□　不足说明：		
团队合作情况	良好□　一般□　不足□　不足说明：		
创新情况	良好□　一般□　不足□　不足说明：		
技能掌握情况			
出现的问题			
解决的方法			

二、任务评价

由组长组织小组成员对工作任务完成情况进行自评和小组评价，然后再对每个成员在工作任务完成过程中的综合情况进行总体评价。

1. 根据技能操作的情况，对照表2-4-10进行技能操作评价。

表 2-4-10　技能操作评价表

班级			组别			
被评价人			组长			
序号	主要内容	考核要求	评价标准	配分/分	自评	组评
1	双控灯照明电路的安装、调试与检修	安装图绘制	图形符号规范 不符合要求每处扣 1 分	4		
			文字标注规范 不符合要求每处扣 1 分	4		
			尺寸标注合理 不符合要求每处扣 1 分	4		
		定位画线、固定元件	布局合理 不符合要求每处扣 1 分	4		
			线迹清晰 不符合要求每处扣 1 分	4		
			符号明显 不符合要求每处扣 1 分	4		
			元件固定牢靠 不符合要求每处扣 1 分	4		
		线槽配线	线径选择正确 每处错误扣 1 分	4		
			线色选择正确 每处错误扣 1 分	4		
			线槽规格选择合适 不符合要求每处扣 1 分	4		
			线槽固定牢靠 不符合要求每处扣 1 分	4		
			线槽 L 和 T 形接口处理合理 不符合要求每处扣 1 分	4		
		元件安装与连接	导线处理合理 不符合要求每处扣 1 分	4		
			导线线头与元件连接规范 不符合要求每处扣 1 分	4		
			双控控制线连接正确 每处错误扣 1 分	4		
			恒流电源与 LED 吸顶灯连接正确 每处错误扣 1 分	4		
		通电前检查	正确使用万用表测量电路“通”“断”“短” 每处错误扣 1 分	6		

续表

序号	主要内容	考核要求	评价标准	配分/分	自评	组评
1	双控灯照明电路的安装、调试与检修	通电调试	通电操作规范 不符合要求每处扣 1 分	6		
			通电调试成功 调试不成功扣 8 分	8		
		故障检修	正确了解故障现象 每处错误扣 1 分	4		
			正确分析故障原因 每处错误扣 1 分	4		
			正确实施检修 每处错误扣 1 分	4		
			正确进行调试及结果记录 每处错误扣 1 分	4		
2	安全生产	注意安全操作	违反安全文明操作规程，扣 5~20 分			
备注			合计	100		
			年 月 日			

2. 对照表 2-4-11 进行综合评价。

表 2-4-11 综合评价表

<table>
<tr><td>班级</td><td colspan="2"></td><td colspan="2">组别</td><td colspan="3"></td></tr>
<tr><td>被评价人</td><td></td><td>组长</td><td colspan="2"></td><td colspan="2">教师</td><td></td></tr>
<tr><td>序号</td><td colspan="2">评价内容</td><td>配分/分</td><td>自评
（20%）</td><td>组评
（20%）</td><td>师评
（60%）</td><td>合计</td></tr>
<tr><td>1</td><td colspan="2">安全意识、时间意识</td><td>10</td><td></td><td></td><td></td><td></td></tr>
<tr><td>2</td><td colspan="2">工作态度、劳动纪律</td><td>10</td><td></td><td></td><td></td><td></td></tr>
<tr><td>3</td><td colspan="2">团队合作、交流与沟通能力</td><td>10</td><td></td><td></td><td></td><td></td></tr>
<tr><td>4</td><td colspan="2">资料检索能力</td><td>10</td><td></td><td></td><td></td><td></td></tr>
<tr><td>5</td><td colspan="2">计划制订能力</td><td>10</td><td></td><td></td><td></td><td></td></tr>
<tr><td>6</td><td colspan="2">操作规范性</td><td>15</td><td></td><td></td><td></td><td></td></tr>
<tr><td>7</td><td colspan="2">任务完成情况</td><td>10</td><td></td><td></td><td></td><td></td></tr>
<tr><td>8</td><td colspan="2">任务验收质量</td><td>15</td><td></td><td></td><td></td><td></td></tr>
<tr><td>9</td><td colspan="2">现场整理、清扫情况</td><td>10</td><td></td><td></td><td></td><td></td></tr>
<tr><td colspan="3">合计</td><td>100</td><td></td><td></td><td></td><td></td></tr>
<tr><td>创新能力
（加 20 分）</td><td colspan="2">创新性思维和行动</td><td>20</td><td></td><td></td><td></td><td></td></tr>
<tr><td colspan="3">总 计</td><td>120</td><td></td><td></td><td></td><td></td></tr>
</table>

一、填空题

1. LED 吸顶灯由________、________________、________________、__________等组成。

2. LED 吸顶灯恒流驱动电源可将________电变为__________电，给 LED 灯片供电。

3. 恒流驱动电源可以在输入市电电压______时，保持输出电流________，也可以______由于 LED 负温度系数所引起的电流增大。

4. 常见的家用插座主要是____________________、______________等，近年来又出现了在固定式插座中添加__________________的多功能插座。

5. 插座的接线按照接线柱的标注进行。“L”标记的接线柱连接________；“N”标记的接线柱连接________；“⏚”或“PE”标记的接线柱连接________。

6. 在实际电路接线时，对导线颜色有一定的要求，相线为______________________，中性线为__________，地线为________________。

二、判断题（正确的打“√”，错误的打“×”）

1. 由于交流电不分正负极，因此，接线时中性线、相线可以随便接。（　　）

2. LED 吸顶灯恒流驱动电源与 LED 灯片接线时，因为有防误插卡口，所以不用测量正负极。（　　）

3. 单控开关不可以实现双控功能。（　　）

4. 线槽转角对接处应做成 45°角拼接。（　　）

三、综合题

1. 某双控 LED 吸顶灯照明电路原理图如题图 2-4-1 所示，简述其工作原理。

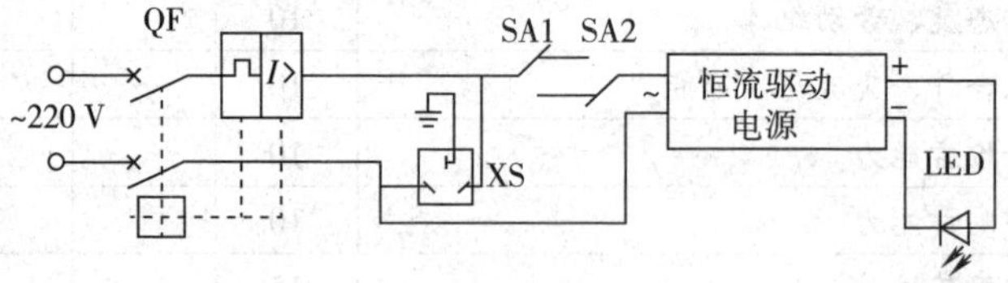

题图 2-4-1

2. 将双控 LED 吸顶灯照明电路的常见故障及其检修方法填写在题表 2-4-1 中。

题表 2-4-1

故障现象	产生原因	检修方法
LED 吸顶灯不亮		
LED 吸顶灯亮度变暗		
关灯后 LED 吸顶灯闪烁		

任务 5 综合照明电路的安装、调试与检修

工作任务

一般室内照明，如办公室、教室、商场等场合，会出现多种不同类型的照明、供电设备综合在一起安装布线的情况。

本任务要求完成线管配线操作，在学会前两个照明电路安装、调试与检修的基础上，完成室内综合照明电路的安装、调试与检修。

资讯学习

查阅教材及其他相关资料，了解和掌握完成本工作任务所需要的知识，并回答以下问题。

1. 通过资讯检索和学习，说明我国电能的计量单位和计量方式，并简述有功电能表和无功电能表的工作原理。

2. 通过教材所学知识的汇总对比，说明护套线、线槽、线管三种配线形式的优缺点和各自的适用范围。

3. 通过资讯检索和学习，分析教材中未列出的 1 种室内电气元件的安装规范。

任务准备

一、分组并制订工作计划

1. 根据工作任务的需求进行分组，并由组长组织组员协商，完成组员的任务分工，填写表 2–5–1。

表 2–5–1　小组成员分工表

班级		组别	
组员姓名	任务分工	备注	
		组长	

2. 小组讨论制订工作计划，分析计划的优缺点，并给出改进方案，将决策后的工作计划填入表 2–5–2 中。

表 2-5-2　工作计划决策方案

班级		组别		组长	
步骤	工作内容			负责人	

二、物料领用

根据任务要求，以小组为单位领取设备、工具、材料及其他用品。将领到的物料分类并填写表 2-5-3，由组长核对并签字确认。

表 2-5-3　设备、工具、材料及其他用品清单

班级		组别		组长	
序号	类别	清单			
1	设备				
2	工具				
3	材料				
4	其他用品				

三、安全文明生产检查

按照表 2-5-4 中列出的项目，以小组为单位进行安全文明生产检查，组长记录检查结果并签字确认。如发现有项目不能达到任务工作要求时应及时整改。

表 2-5-4　安全文明生产检查表

班级		组别		组长	
序号	检查项目				记录
1	熟读安全文明生产要求及设备使用说明				是□　否□
2	设备状况良好，通电试测正常				是□　否□
3	工具、材料齐备，符合电气安全及任务要求				是□　否□
4	安全防护及其他用品齐备，能正常使用				是□　否□
5	小组成员进入工作状态，个人防护用具穿戴合格				是□　否□

任务实施

一、认识综合照明电路安装图

将综合照明电路安装示意图（图 2-5-1）中的元件名称补充完整并简述各元件的安装位置。

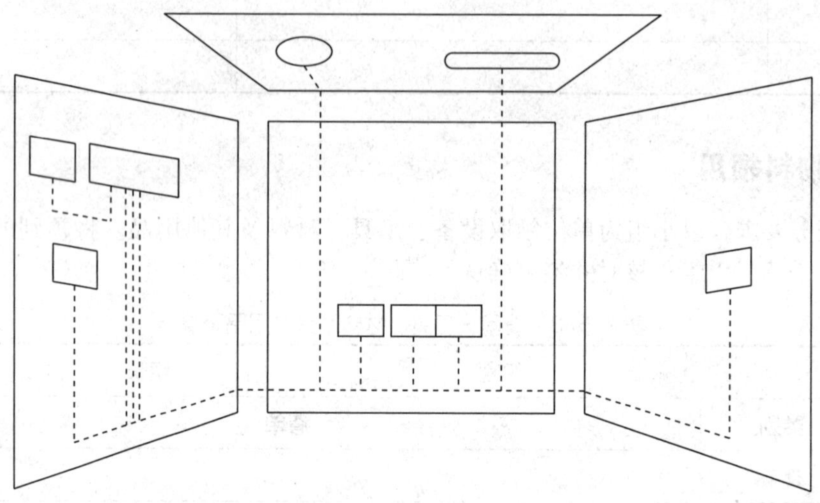

图 2-5-1 综合照明电路安装示意图

二、安装综合照明电路

1. 定位画线

按照教材图 2-5-8 所示的样例和位置完成元件和导线的定位画线。

2. PVC 线管配线

（1）确定配线数量及元件连接情况

根据控制要求，绘制综合照明电路配线图，并将表 2-5-5 中的配线数和连接说明填写完整。

表 2-5-5 综合照明电路中各元件导线连接情况

元件	配线数	连接说明
电能表 PJ		进线 2 根： 出线 2 根：
照明配电箱 AL		进线 2 根： 出线 7 根：
单控开关 SA1		
灯 EL1		
插座 XS1		
插座 XS2		
双控开关 SA2		
双控开关 SA3		
灯 EL2		

配线时注意选取不同颜色的导线以示区别，相线为____色，中性线为____色，地线为_______色，控制线为______色。

（2）安装 PVC 线管及元件

将 PVC 线管及元件的安装操作和安装过程中发现的问题与整改情况记录在表 2-5-6 中。

表 2-5-6 安装 PVC 线管及元件

安装项目	操作记录	发现的问题及整改记录
安装元件、底盒、底座		问题： 整改：
安装管卡		问题： 整改：
敷设线管		问题： 整改：

（3）配线

根据综合照明电路配线图和配线连接表中各元件、线路的导线数量，按照 PVC 线管布线要求进行配线。将各分支线路配线操作和配线过程中发现的问题及整改情况记录在表 2-5-7 中。

表 2-5-7　各分支线路配线

配线支路	操作记录	发现的问题及整改记录
EL1 支路		问题： 整改：
EL2 支路		问题： 整改：
插座支路		问题： 整改：

3. 元件接线及安装

将综合照明电路各元件安装与导线连接的操作及配线过程中发现的问题和整改情况记录在表 2-5-8 中。

表 2-5-8　综合照明电路各元件的安装与导线连接

操作项目	操作记录	发现的问题及整改记录
安装 EL1 支路元件		问题： 整改：
安装 EL2 支路元件		问题： 整改：
安装插座		问题： 整改：
安装照明配电箱		问题： 整改：

续表

操作项目	操作记录	发现的问题及整改记录
完成安装、清理场地		问题： 整改：

三、调试与检修综合照明电路

1. 短路检查

先根据原理图和接线图检查电路是否正确，检查无误后使用万用表按照前面学过的短路检查方法检查电路是否存在短路故障，并将检查结果记录在表 2-5-9 中。

表 2-5-9　综合照明电路短路检查

检查项目	操作记录	现象及分析
总断路器		
插座支路		
灯 EL1 支路		
灯 EL2 支路		

2. 通电调试

短路检查无误后，闭合总漏电保护断路器，接通电源，逐个接通各支路漏电保护断路器，进行通电调试，将调试情况记录在表 2-5-10 中。

表 2-5-10　综合照明电路通电调试

调试项目	操作记录	现象及分析
插座支路		
灯 EL1 支路		
灯 EL2 支路		

3. 故障检修

人为设置故障点，运用已学知识进行综合照明电路故障排除，并记录故障排除过程中遇到的问题。

展示与评价

一、成果展示

1. 以小组为单位派出代表介绍自己小组的学习成果，听取并记录其他小组对本组学习成果的评价和建议。

2. 根据其他小组对本组展示成果的评价意见进行归纳总结，填写表 2-5-11。

表 2-5-11　成果展示情况评价表

班级		组别	
记录人		组长	
项目	记录		
资讯检索情况	良好□　一般□　不足□　不足说明：		
展示成果时表达情况	良好□　一般□　不足□　不足说明：		
团队合作情况	良好□　一般□　不足□　不足说明：		
创新情况	良好□　一般□　不足□　不足说明：		
技能掌握情况			
出现的问题			
解决的方法			

二、任务评价

由组长组织小组成员对工作任务完成情况进行自评和小组评价，然后再对每个成员在工作任务完成过程中的综合情况进行总体评价。

1. 根据技能操作的情况，对照表 2-5-12 进行技能操作评价。

表 2-5-12　技能操作评价表

班级				组别		
被评价人				组长		
序号	主要内容	考核要求	评价标准	配分/分	自评	组评
1	综合照明电路的安装、调试与检修	认识综合照明电路安装图	正确绘制安装图 每处错误扣 1 分	4		
			正确理解电路功能和原理 每处错误扣 1 分	4		
			任务所需元件整理齐全、无遗漏 每处错误扣 1 分	4		
		定位画线	布局合理 不符合要求每处扣 1 分	4		
			线迹清晰 不符合要求每处扣 1 分	4		
			符号明显 不符合要求每处扣 1 分	4		
		线管配线	线管固定牢靠 不符合要求每处扣 1 分	4		
			配线根数和作用明确 不符合要求每处扣 1 分	4		
			线管卡固定牢靠、均匀 不符合要求每处扣 1 分	4		
			按要求完成弹簧弯管 不符合要求每处扣 1 分	4		
		元件安装与连接	按要求完成线管穿线 不符合要求每处扣 1 分	4		
			插座支路连接正确 每处错误扣 1 分	4		
			EL1 支路连接正确 每处错误扣 1 分	4		
			EL2 支路连接正确 每处错误扣 1 分	4		
			接线盒内导线预留一定长度 不符合要求每处扣 1 分	4		
		通电前检查	正确使用万用表测量电路“通”“断”“短” 每处错误扣 1 分	6		

续表

序号	主要内容	考核要求	评价标准	配分/分	自评	组评
1	综合照明电路的安装、调试与检修	通电调试	通电操作规范 不符合要求每处扣 1 分	8		
			通电调试成功 调试不成功扣 8 分	8		
		故障检修	正确认识支路类型 每处错误扣 1 分	6		
			正确判断故障位置 每处错误扣 1 分	6		
			正确排除故障 每处错误扣 1 分	6		
2	安全生产	注意安全操作	违反安全文明操作规程，扣 5~20 分			
备注			合计	100		
			年　月　日			

2. 对照表 2-5-13 进行综合评价。

表 2-5-13　综合评价表

班级			组别				
被评价人		组长		教师			
序号	评价内容		配分/分	自评（20%）	组评（20%）	师评（60%）	合计
1	安全意识、时间意识		10				
2	工作态度、劳动纪律		10				
3	团队合作、交流与沟通能力		10				
4	资料检索能力		10				
5	计划制订能力		10				
6	操作规范性		15				
7	任务完成情况		10				
8	任务验收质量		15				
9	现场整理、清扫情况		10				
合计			100				
创新能力（加 20 分）	创新性思维和行动		20				
总 计			120				

一、填空题

1. LED 日光灯分为__________式和________式。

2. 一体式 LED 日光灯将______________、____________、______________等部件集成在一体，可以直接安装。

3. ________又称为电度表或火表，是计量电能的仪表，可以测量某一段时间内电路所消耗的__________。

4. 把绝缘导线穿在钢质或塑料线管内敷设，称为________________，分为________和______两种。

二、判断题（正确的打“√”，错误的打“×”）

1. 单相电能表接线时，一般 1、3 接电源进线，2、4 接负载出线。（　　）

2. 线管内导线一般不应超过 10 根，多根导线穿管时，导线总截面积（含绝缘层）应不超过管内截面积的 60%。（　　）

3. 管内配线应尽可能减少转角或弯曲，转角越多，穿线越困难。为便于穿线，转角或弯曲过多时，必须加装接线盒。（　　）

4. 接线时，所有开关均应控制电路的中性线。（　　）

三、综合题

1. 某综合照明电路原理图如题图 2-5-1 所示，简述其工作原理。

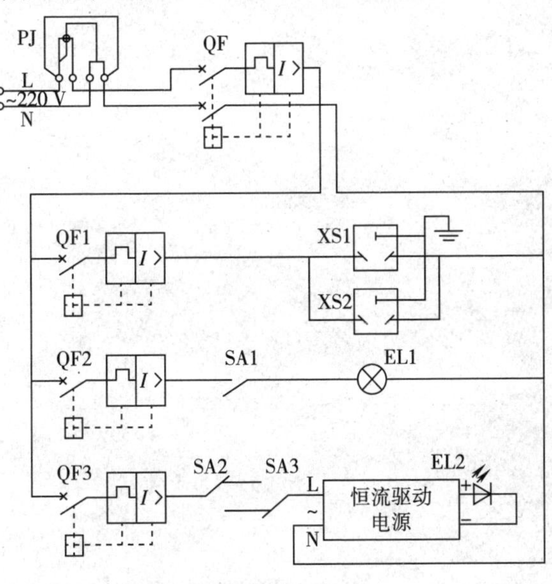

题图 2-5-1

2. 简述综合照明电路的故障检修方法。

课题三
电子基本操作技能

任务 1　简单非门电路的安装

工作任务

本任务要求学习简单电子电路的安装，掌握电阻器的识读与检测方法和元件手工焊接的基本技能。

资讯学习

查阅教材及其他相关资料，了解和掌握完成本工作任务所需要的知识，并回答以下问题。

1. 检索国家标准，归纳整理电阻器的分类、型号命名、应用及各类电阻器的图形与文字符号。

2. 通过资讯检索和学习，对焊接工具、焊接材料和焊接方式进行归纳整理，对于每一类中的不同焊接工具、焊接材料或焊接方式，通过对比列出相互的区别和各自的适用范围。

3. 通过资讯检索和学习，简述基本逻辑门电路中与门、或门、非门的特点及对应的逻辑运算。

一、分组并制订工作计划

1. 根据工作任务的需求进行分组，并由组长组织组员协商，完成组员的任务分工，填写表 3-1-1。

表 3-1-1　小组成员分工表

班级		组别	
组员姓名	任务分工	备注	
		组长	

2. 小组讨论制订工作计划，分析计划的优缺点，并给出改进方案，将决策后的工作计划填入表 3-1-2 中。

表 3-1-2　工作计划决策方案

班级		组别		组长	
步骤	工作内容			负责人	

二、物料领用

根据任务要求，以小组为单位领取设备、工具、材料及其他用品。将领到的物料分类并填写表 3-1-3，由组长核对并签字确认。

表 3-1-3　设备、工具、材料及其他用品清单

班级			组别		组长	
序号	类别	清单				
1	设备					
2	工具					
3	材料					
4	其他用品					

三、安全文明生产检查

按照表 3-1-4 中列出的项目，以小组为单位进行安全文明生产检查，组长记录检查结果并签字确认。如发现有项目不能达到任务工作要求时应及时整改。

表 3-1-4　安全文明生产检查表

班级		组别		组长	
序号	检查项目				记录
1	熟读安全文明生产要求及设备使用说明				是□　否□
2	设备状况良好，通电试测正常				是□　否□
3	工具、材料齐备，符合电气安全及任务要求				是□　否□
4	安全防护及其他用品齐备，能正常使用				是□　否□
5	小组成员进入工作状态，个人防护用具穿戴合格				是□　否□

任务实施

一、识读与检测电阻器

1. 识读电阻器

（1）色环法

查阅教材表 3-1-10 中色环各颜色所代表的含义，用色环法识读表 3-1-5 中四色环电阻器、五色环电阻器的阻值和允许偏差，将相应的信息补充完整。

表 3-1-5　色环电阻器的识读

分类	图示	阻值	允许偏差
四色环电阻器	第四条色环：棕色（　　　） 第三条色环：黄色（　　　） 第二条色环：蓝色（　　　） 第一条色环：绿色（　　　）	____×10^(　)（　） =________（　）	±______%
五色环电阻器	第五条色环：棕色（　　　） 第四条色环：金色（　　　） 第三条色环：黑色（　　　） 第二条色环：红色（　　　） 第一条色环：红色（　　　）	____×10^(　)（　） =________（　）	±____%

（2）数码法

用数码法识读表 3-1-6 中微调电位器的阻值，将相应的信息补充完整。

表 3-1-6　微调电位器的识读

分类	图示	阻值
微调电位器	103 倍乘：__________ 第二位有效数字：__________ 第一位有效数字：__________	____×10^(　)（　） =________（　）

2. 测量电阻器的阻值并判断其好坏

用指针式万用表测量色环电阻器、电位器的阻值，并与标称阻值相比较，判断其质量好坏。

在用指针式万用表测量电阻器前需对其进行调整，调整步骤为：________→________→________。

根据教材内容，结合实际操作情况，填写表 3-1-7。

表 3-1-7　电阻器的阻值测量和质量判别

测量元件	操作记录	检测结果
固定电阻	测量阻值：	
可调电位器	检查力学性能： 测量总阻值： 测量阻值调节：	

二、预处理元件引脚与导线

1. 预处理元件引脚

元件安装前必须对其引脚进行加工处理，预处理过程包括________、________、________等。根据图示结合实际操作，将图 3-1-1 中预处理元件引脚的实施内容填写完整。

刮脚时可用小刀等_____工具，从距离元件根部_____mm 处开始沿引脚______刮，边刮边______引脚，直至把引脚上的氧化层彻底刮净。注意不要_____或_____引脚。

用电烙铁上锡时，先将元件放入______盒中，烙铁头浸上______，然后将电烙铁放至元件引脚，边______引脚边浸锡，注意不要浸至元件根部（距离根部_______mm），上锡时间不能______，否则会损坏元件。

两引脚元件成形操作：________________________________。

三引脚元件成形操作：________________________________。

图 3-1-1　预处理元件引脚

2. 预处理导线

绝缘多股软导线的加工步骤为：________→________→________→________。单股软导线则省去__________这一步。根据图示结合实际操作，将图 3-1-2 中预处理导线的实施内容填写完整。

根据需要截取________的导线，一般使用________操作。

采用专用的______来剥头，也可采用________削掉绝缘层。剥头时，不允许__________，单股芯线不允许有________，多股芯线应避免________。

将松散的芯线按照________的角度捻紧，多股芯线捻头方向要________，避免______和________。

浸锡前一定要将捻紧的端头浸上________。浸锡位置要距离绝缘层______mm，浸锡时间一般控制在________s。

图 3-1-2　预处理导线

三、安装及检查电路

1. 电阻器引脚成形

根据图 3-1-3，写出电阻器的插装方式。

________________　　________________

图 3-1-3　电阻器的插装方式

2. 焊接电路

（1）焊接元件和导线

1）根据图 3-1-4，写出各插焊方法的名称。

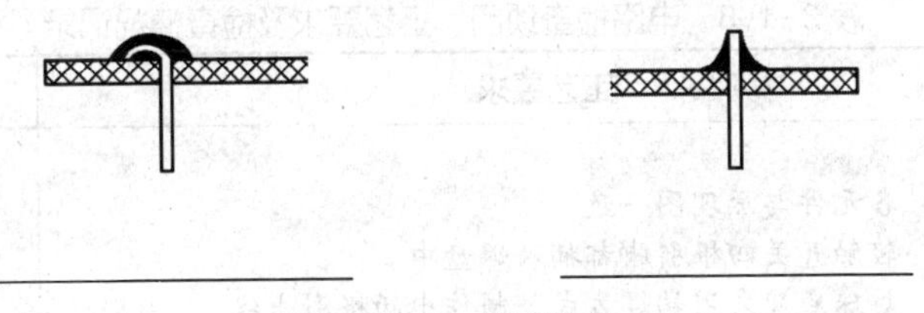

图 3-1-4　插焊方法

2）根据图示结合实际操作，将元件的焊接操作步骤填写在图 3-1-5 中。

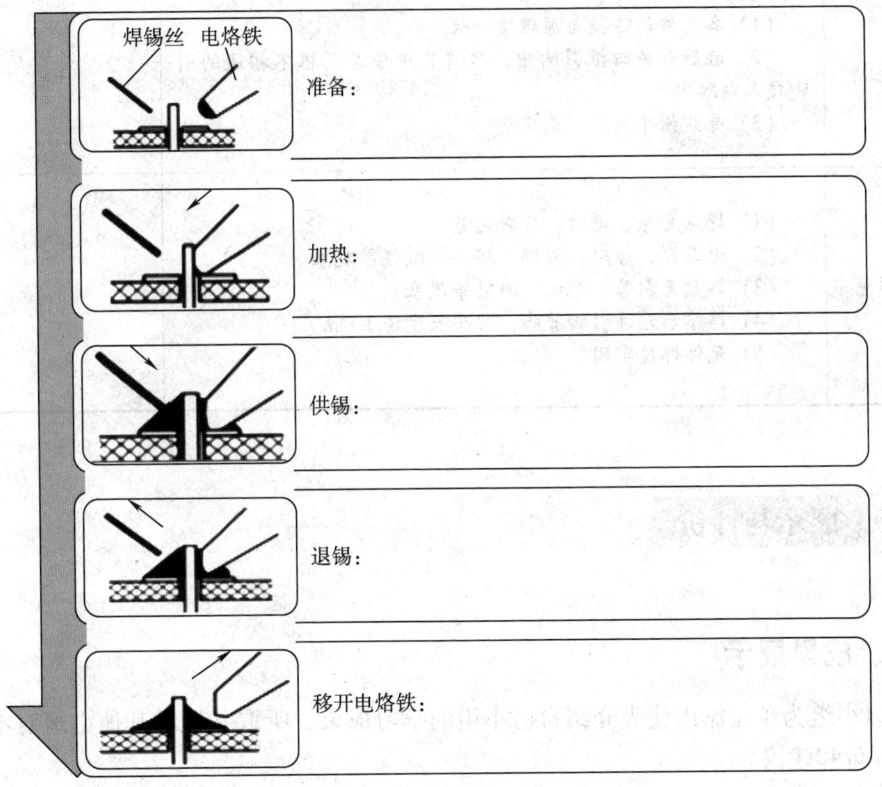

图 3-1-5　元件的焊接操作步骤

（2）整理电路

电路焊接完成后，要将元件和导线的焊接引线多余部分剪去，称为 ________，________ 的长度一般为距焊点 ____ mm 处。

3. 检查电路

根据表 3-1-8，检查元件安装、电路连接、焊接质量，并记录检查情况。

表 3-1-8　电路检查项目、工艺要求及检查情况记录

检查项目	工艺要求	检查情况
元件安装	（1）各元件与原理图一致 （2）轻触开关四根引脚都插入焊盘中 （3）灯珠底座采用钩焊方式，制作出两根引出线 （4）元件布局合理、紧凑 （5）元件安装牢固	
电路连接	（1）各元件的连接与原理图一致 （2）轻触开关四根引脚中，只将其中任意两根不相通的引脚接入电路中 （3）导线横平竖直，无交叉	
焊接质量	（1）焊点光亮、清洁，焊料适量 （2）无漏焊、虚焊、假焊、搭焊、溅锡等现象 （3）焊盘无剥落、翘曲、撕裂等现象 （4）焊接后元件引脚剪脚，留头长度约 1 mm （5）元件焊接牢固	

一、成果展示

1. 以小组为单位派出代表介绍自己小组的学习成果，听取并记录其他小组对本组学习成果的评价和建议。

2. 根据其他小组对本组展示成果的评价意见进行归纳总结，填写表3-1-9。

表3-1-9　成果展示情况评价表

班级		组别	
记录人		组长	
项目	记录		
资讯检索情况	良好□　一般□　不足□　不足说明：		
展示成果时表达情况	良好□　一般□　不足□　不足说明：		
团队合作情况	良好□　一般□　不足□　不足说明：		
创新情况	良好□　一般□　不足□　不足说明：		
技能掌握情况			
出现的问题			
解决的方法			

二、任务评价

由组长组织小组成员对工作任务完成情况进行自评和小组评价，然后再对每个成员在工作任务完成过程中的综合情况进行总体评价。

1. 根据技能操作的情况，对照表3-1-10进行技能操作评价。

表3-1-10　技能操作评价表

班级			组别			
被评价人			组长			
序号	主要内容	考核要求	评价标准	配分/分	自评	组评
1	电阻器的识读和检测	识读色环电阻器的阻值	正确识读电阻器各色环颜色的含义，读数准确 每处错误扣2分	10		
		使用万用表测量电阻器的阻值	选择合适的电阻挡位，正确进行欧姆调零，读数准确 每处错误扣2分	10		
2	元件引脚和导线的预处理	元件引脚预处理	操作规范，操作过程中未损伤元件及其引脚，成形符合要求 不符合要求每处扣2分	10		
		导线预处理	操作规范，操作过程中未损伤导线，成形符合要求 不符合要求每处扣2分	10		

续表

序号	主要内容	考核要求	评价标准	配分/分	自评	组评
3	电路安装和检查	元件引脚成形	元件引脚成形符合工艺要求 不符合要求每处扣2分	15		
		元件安装	元件的安装位置正确，布局合理、紧凑 不符合要求每处扣2分	15		
		电路连接	电路连接正确，连接导线横平竖直，无交叉 不符合要求每处扣2分	15		
		焊接质量	焊点质量符合工艺要求，焊盘无剥落或翘起等现象，剪脚正确 不符合要求每处扣2分	15		
4	安全生产	注意安全操作	违反安全文明操作规程扣5~20分			
备注			合计	100		
			年 月 日			

2. 对照表3-1-11进行综合评价。

表3-1-11　综合评价表

班级			组别			
被评价人		组长		教师		
序号	评价内容	配分/分	自评（20%）	组评（20%）	师评（60%）	合计
1	安全意识、时间意识	10				
2	工作态度、劳动纪律	10				
3	团队合作、交流与沟通能力	10				
4	资料检索能力	10				
5	计划制订能力	10				
6	操作规范性	15				
7	任务完成情况	10				
8	任务验收质量	15				
9	现场整理、清扫情况	10				
	合计	100				
创新能力（加20分）	创新性思维和行动	20				
	总计	120				

复习巩固

一、填空题

1. 电阻器简称＿＿＿＿＿，在电路中可作为＿＿＿＿＿、＿＿＿＿＿之用。
2. 常见的电阻器有＿＿＿＿电阻器、＿＿＿＿＿电阻器、＿＿＿＿＿电阻器等。
3. 电烙铁是＿＿＿＿＿的基本工具，常见的类型有＿＿＿＿＿、＿＿＿＿＿、＿＿＿＿＿等。
4. 常见的焊接方式有＿＿＿＿＿、＿＿＿＿＿、＿＿＿＿＿、＿＿＿＿＿。

二、选择题

1. 下列不属于敏感电阻器的是（　　）电阻器。
   A. 热敏　B. 光敏　C. 湿敏　D. 可变
2. 电位器有（　　）根引脚。
   A. 1　B. 2　C. 3　D. 4
3. 绝缘软导线加工的第一步是（　　）。
   A. 剥头　B. 剪裁　C. 浸锡　D. 印标记
4. 目前在电子产品装配焊接中，主要使用的焊接材料是（　　）。
   A. 锡铅焊料　B. 金焊料　C. 铜焊料　D. 银焊料

三、综合题

1. 简述常见焊接方式的特点。

2. 简述手工焊接的操作步骤。

3. 题表 3-1-1 中列举了常见焊点的缺陷及质量分析，补全相应的外观特征和原因。

题表 3-1-1

焊点缺陷	图示	质量分析
焊料过多		外观：________ 原因：________ 危害：比较浪费焊料，可能包藏缺陷
焊料过少		外观：________ 原因：________ 危害：强度不足
虚焊		外观：________ 原因：________ ________ 危害：强度低，不导通或接触不良
过热		外观：________ 原因：________ 危害：焊盘容易脱落，容易造成元件失效
拉尖		外观：________ 原因：________ 危害：易造成桥接现象
桥接		外观：________ 原因：________ 危害：易造成电气短路
铜箔翘起、脱落		外观：________ 原因：________ ________ 危害：接触不良或断路

任务 2　滤波电路的安装

工作任务

本任务要求了解电容器和电感器的结构、分类、图形符号及特点等，掌握它们的识别和检测方法，并通过滤波电路的安装、焊接及拆焊，掌握电子电路的安装与拆焊技能。

资讯学习

查阅教材及其他相关资料，了解和掌握完成本工作任务所需要的知识，并回答以下问题。

1. 检索国家标准，归纳整理电容器和电感器的分类、型号命名、应用及各类电容器、电感器的图形与文字符号。

2. 通过资讯检索和学习，对拆焊工具、拆焊方式进行归纳整理，对于每一类中的不同拆焊工具和拆焊方式，通过对比列出相互的区别和各自的适用范围。

3. 通过资讯检索和学习，了解滤波电路的功能和主要应用，并对比分析不同滤波电路的工作原理、优缺点及适用范围。

任务准备

一、分组并制订工作计划

1. 根据工作任务的需求进行分组，并由组长组织组员协商，完成组员的任务分工，填写表3-2-1。

表3-2-1　小组成员分工表

班级		组别	
组员姓名	任务分工	备注	
		组长	

2. 小组讨论制订工作计划，分析计划的优缺点，并给出改进方案，将决策后的工作计划填入表3-2-2中。

表3-2-2　工作计划决策方案

班级		组别		组长	
步骤	工作内容			负责人	

二、物料领用

根据任务要求，以小组为单位领取设备、工具、材料及其他用品。将领到的物料分类并填写表3-2-3，由组长核对并签字确认。

表3-2-3　设备、工具、材料及其他用品清单

班级			组别		组长	
序号	类别	清单				
1	设备					
2	工具					
3	材料					
4	其他用品					

三、安全文明生产检查

按照表 3-2-4 中列出的项目，以小组为单位进行安全文明生产检查，组长记录检查结果并签字确认。如发现有项目不能达到任务工作要求时应及时整改。

表 3-2-4 安全文明生产检查表

班级		组别		组长	
序号	检查项目				记录
1	熟读安全文明生产要求及设备使用说明				是□ 否□
2	设备状况良好，通电试测正常				是□ 否□
3	工具、材料齐备，符合电气安全及任务要求				是□ 否□
4	安全防护及其他用品齐备，能正常使用				是□ 否□
5	小组成员进入工作状态，个人防护用具穿戴合格				是□ 否□

一、识读与检测电容器

1. 识读电容器

根据教材中所述的电容器的识读方法，写出表 3-2-5 中电容器的相关参数。

表 3-2-5 识读电容器

图示	参数
3300μF 25V	标称容量为________μF 额定工作电压为________V
224	标称容量为________μF

2. 检测电容器

用指针式万用表测量电容器两引脚之间的漏电阻，根据检测现象，分析原因并将检测结果填写在表 3-2-6 中。

表 3-2-6　检测电容器

不同容量	<1 μF	1~47 μF	>47 μF
相应量程	R×10 k	R×1 k	R×100
检测现象		原因分析	检测结果
指针先向右偏转，再向左回归，离∞位置很近			
指针不动			
指针不回转			
指针先向右偏转，再向左回归，离∞位置较远			

二、识读与检测电感器

1. 识读电感器

根据表 3-2-7 图示各电感器的标注信息，写出对应的电感值。

表 3-2-7　识读电感器

图示	电感值
220μH	
1R5	
220	

2. 检测电感器

用指针式万用表测量电感器线圈的阻值来判断其质量好坏，根据检测现象，分析原因并将检测结果填写在表 3-2-8 中。

表 3-2-8　检测电感器

检测现象	原因分析	检测结果
一般电感器线圈的直流电阻阻值很小，为零点几欧至几欧。低频扼流圈的直流电阻阻值相对较大，为几百至几千欧	无	好

续表

检测现象	原因分析	检测结果
电感器线圈直流电阻阻值为∞		
电感器线圈直流电阻阻值为零		

三、安装及检查电路

1. 立式插装元件引脚成形

在表 3-2-9 中画出电解电容器立式插装时引脚的成形方式，并简述成形步骤。

表 3-2-9　立式插装元件引脚成形

间距关系	成形图示	成形步骤
电解电容器两引脚间距小于安装孔的距离		
电解电容器两引脚间距与安装孔的距离一致		

2. 焊接与检查电容滤波电路

根据教材图 3-2-1 所示电容滤波电路原理图及电路装配工艺要求进行元件安装、焊接、剪脚和整理。完成后对电路的装接质量进行自检。重点检查装配的准确性和焊点质量情况，将电路装接的自检情况记录在表 3-2-10 中。

表 3-2-10　电容滤波电路装接自检表

自检项目	自检结果	出现问题的原因和解决方法
按照图纸正确接线	电路安装中存在____处接线错误	
元件完好，无损伤	安装过程中损坏或碰伤元件____个	

续表

自检项目	自检结果	出现问题的原因和解决方法
焊点质量良好	焊接中，焊点质量存在问题共有____处 出现的问题主要有______________ ______________ ______________	
布线美观，横平竖直		
其他问题		

3. 拆焊电容滤波电路

采用分点拆焊法将电容滤波电路拆除，拆焊完成后，对照表 3-2-11 进行自检。

表 3-2-11 电容滤波电路拆焊自检表

自检项目	自检结果	出现问题的原因和解决方法
按照拆焊步骤拆除元件及导线	焊盘中有剪断的元件引脚______处	
拆除的元件完好	有______处元件损坏	
万能板的铜箔无翘起、剥落	有______处铜箔翘起、剥落	

4. 焊接与检查电感滤波电路

根据教材图 3-2-2 所示电感滤波电路原理图及电路装配工艺要求进行元件安装、焊接、剪脚和整理。完成后对电路的装接质量进行自检。重点检查装配的准确性和焊点质量情况，将电路装接的自检情况记录在表 3-2-12 中。

表 3-2-12 电感滤波电路装接自检表

自检项目	自检结果	出现问题的原因和解决方法
按照图纸正确接线	电路安装中存在______处接线错误	
元件完好，无损伤	安装过程中损坏或碰伤元件______个	

续表

自检项目	自检结果	出现问题的原因和解决方法
焊点质量良好	焊接中，焊点质量存在问题共有______处 出现的问题主要有________________ ________________________________ ________________________________	
布线美观，横平竖直		
其他问题		

展示与评价

一、成果展示

1. 以小组为单位派出代表介绍自己小组的学习成果，听取并记录其他小组对本组学习成果的评价和建议。

2. 根据其他小组对本组展示成果的评价意见进行归纳总结，填写表 3-2-13。

表 3-2-13 成果展示情况评价表

班级		组别	
记录人		组长	
项目	记录		
资讯检索情况	良好□ 一般□ 不足□ 不足说明：		
展示成果时表达情况	良好□ 一般□ 不足□ 不足说明：		
团队合作情况	良好□ 一般□ 不足□ 不足说明：		
创新情况	良好□ 一般□ 不足□ 不足说明：		
技能掌握情况			
出现的问题			
解决的方法			

二、任务评价

由组长组织小组成员对工作任务完成情况进行自评和小组评价，然后再对每个成员在工作任务完成过程中的综合情况进行总体评价。

1. 根据技能操作的情况，对照表 3-2-14 进行技能操作评价。

表 3-2-14　技能操作评价表

班级			组别			
被评价人			组长			
序号	主要内容	考核要求	评价标准	配分/分	自评	组评
1	电容器的识读与检测	识读电容器	正确识读电容器的类型、容值，能区分极性电容器的极性 每处错误扣 2 分	10		
		检测电容器的好坏	正确使用万用表检测电容器的好坏 每处错误扣 2 分	10		
2	电感器的识读与检测	识读电感器	正确识别电感器的类型和电感量 每处错误扣 2 分	10		
		检测电感器的好坏	正确使用万用表检测电感器的好坏 每处错误扣 2 分	10		
3	电容滤波电路的焊接、检查与拆焊	元件引脚成形	元件引脚成形符合工艺要求，安装位置正确 不符合要求每处扣 2 分	10		
		安装、焊接电路	电路连接正确、焊接牢固，焊点光亮、清洁 不符合要求每处扣 2 分	15		
		拆焊电路	拆焊未损伤焊盘或元件，焊盘中无残留的焊锡 不符合要求每处扣 2 分	10		
4	电感滤波电路的焊接与检查	元件引脚成形	元件引脚成形符合工艺要求，安装位置正确 不符合要求每处扣 2 分	10		
		安装、焊接电路	电路连接正确、焊接牢固，焊点光亮、清洁 不符合要求每处扣 2 分	15		
5	安全生产	注意安全操作	违反安全文明操作规程扣 5~20 分			
备注			合计	100		
			年　月　日			

2. 对照表 3-2-15 进行综合评价。

表 3-2-15　综合评价表

班级			组别				
被评价人		组长		教师			
序号	评价内容		配分/分	自评（20%）	组评（20%）	师评（60%）	合计
1	安全意识、时间意识		10				
2	工作态度、劳动纪律		10				
3	团队合作、交流与沟通能力		10				
4	资料检索能力		10				
5	计划制订能力		10				
6	操作规范性		15				
7	任务完成情况		10				
8	任务验收质量		15				
9	现场整理、清扫情况		10				
合计			100				
创新能力（加 20 分）	创新性思维和行动		20				
总 计			120				

一、填空题

1. 电容器是一种储存__________的元件，由两块极板及极板之间的__________构成，引脚分别从两块极板引出。

2. 电解电容器有正、负极之分，长的引脚为_____极，短的引脚为_____极。

3. 电感器一般用________绕在磁环或磁棒上加工而成，有时也绕成________线圈。

4. 常用的拆焊方法有____________、____________和_____________。

5. 常用的拆焊工具有电烙铁、______________、吸锡电烙铁、______________、______________等。

二、判断题（正确的打“√”，错误的打“×”）

1. 电解电容器一般采用立式安装方式。（　）

2. 电感器按绕制特点分为空心电感器、有芯电感器（铁芯或磁芯）。（　）

3. 可采用滤波电路来减小脉动直流电中的交流成分。 （ ）

三、综合题

1. 如题图 3-2-1 所示，简述电感滤波电路的工作原理。

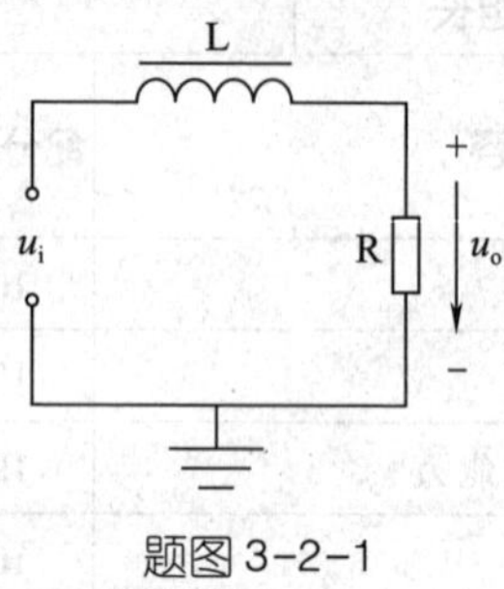

题图 3-2-1

2. 简述分点拆焊法的适用场合及操作步骤。

任务 3 单相桥式整流电路的安装

工作任务

本任务要求正确识读与检测二极管，完成单相桥式整流电路的安装与焊接。

资讯学习

查阅教材及其他相关资料，了解和掌握完成本工作任务所需要的知识，并回答以下问题。

1. 检索国家标准，归纳整理二极管的分类、型号命名、应用及各类二极管的图形与文字符号。

2. 通过资讯检索和学习，了解整流电路的功能和主要应用，并对比分析不同整流电路的工作原理、优缺点及适用范围。

3. 本任务的整流电路和上一任务的滤波电路都是稳压电源电路的重要组成部分，通过资讯检索和学习，绘制稳压电源电路图，并分析其工作原理。

任务准备

一、分组并制订工作计划

1. 根据工作任务的需求进行分组，并由组长组织组员协商，完成组员的任务分工，填写表 3-3-1。

表 3-3-1 小组成员分工表

班级		组别	
组员姓名	任务分工	备注	
		组长	

2. 小组讨论制订工作计划，分析计划的优缺点，并给出改进方案，将决策后的工作计划填入表 3-3-2 中。

表 3-3-2 工作计划决策方案

班级		组别		组长	
步骤	工作内容			负责人	

二、物料领用

根据任务要求，以小组为单位领取设备、工具、材料及其他用品。将领到的物料分类并填写表 3-3-3，由组长核对并签字确认。

表 3-3-3 设备、工具、材料及其他用品清单

班级			组别		组长	
序号	类别	清单				
1	设备					
2	工具					
3	材料					
4	其他用品					

三、安全文明生产检查

按照表 3-3-4 中列出的项目，以小组为单位进行安全文明生产检查，组长记录检查结果并签字确认。如发现有项目不能达到任务工作要求时应及时整改。

表 3-3-4 安全文明生产检查表

班级		组别		组长	
序号	检查项目				记录
1	熟读安全文明生产要求及设备使用说明				是□ 否□
2	设备状况良好，通电试测正常				是□ 否□
3	工具、材料齐备，符合电气安全及任务要求				是□ 否□
4	安全防护及其他用品齐备，能正常使用				是□ 否□
5	小组成员进入工作状态，个人防护用具穿戴合格				是□ 否□

任务实施

一、识读与判别二极管

1. 识读二极管的型号

写出表 3-3-5 中常见的二极管的名称。

表 3-3-5 识读二极管

图示	名称

2. 判别二极管的极性

二极管具有________性，根据此特性，可以用指针式万用表判别二极管的极性。结合图示，将操作步骤记录在表 3-3-6 中。

表 3-3-6　判别二极管的极性

图示	操作步骤
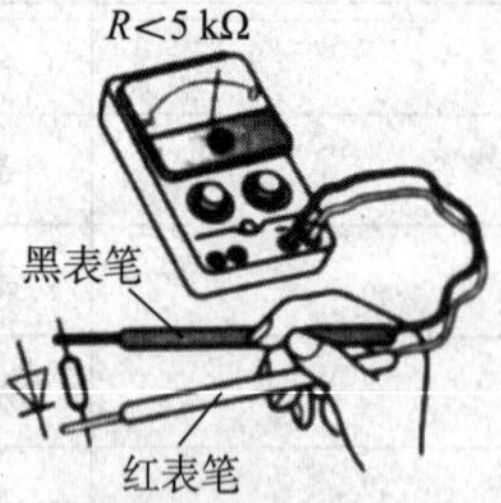 $R<5\ k\Omega$ 黑表笔 红表笔	
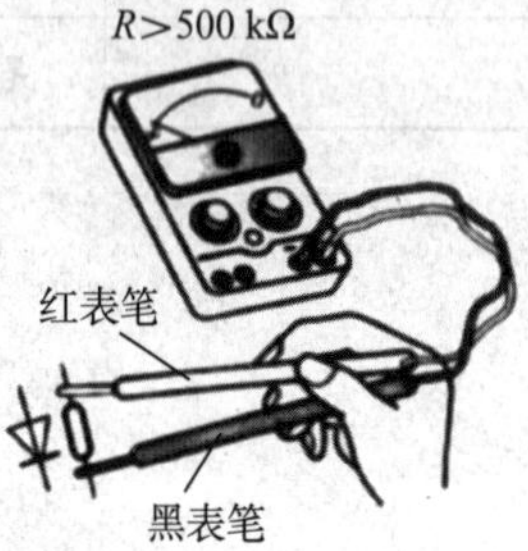 $R>500\ k\Omega$ 红表笔 黑表笔	

3. 简单判别二极管的质量

按照教材中讲述的方法判别二极管的质量好坏，并根据实际操作情况，将二极管质量的简单判别方法填入表 3-3-7 中。

表 3-3-7　二极管质量的简单判别

测量项目	图示	质量判别
正向电阻		
反向电阻		

二、安装及检查电路

1. 预处理元件引脚

预处理元件引脚如图 3-3-1 所示，在横线上写出二极管引脚成形后的插装方式。

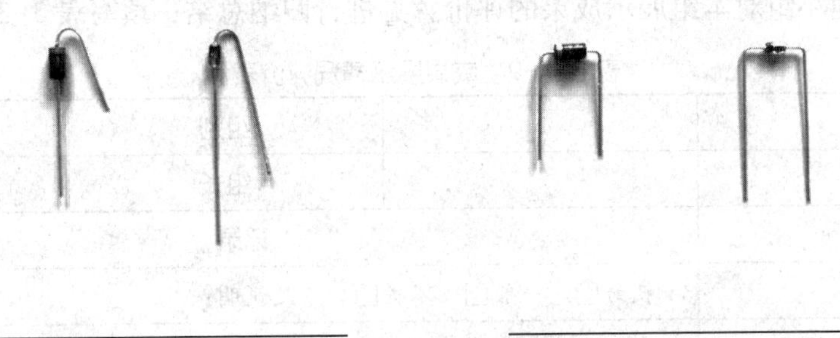

图 3-3-1　预处理元件引脚

2. 电路安装与焊接

根据教材图 3-3-2，进行元件的安装和导线的连接，完成后对电路的装接质量进行自检。重点检查装配的准确性和焊点质量情况，将电路装接的自检情况记录在表 3-3-8 中。

表 3-3-8　电路装接自检表

自检项目	自检结果	出现问题的原因和解决方法
按照图纸正确接线	电路安装中存在______处接线错误	
元件完好，无损伤	安装过程中损坏或碰伤元件______个	
焊点质量良好	焊接中，焊点质量存在问题共有______处 出现的问题主要有____________________________	
布线美观，横平竖直		
其他问题		

展示与评价

一、成果展示

1. 以小组为单位派出代表介绍自己小组的学习成果，听取并记录其他小组对本组学习成果的评价和建议。

2. 根据其他小组对本组展示成果的评价意见进行归纳总结，填写表 3-3-9。

表 3-3-9　成果展示情况评价表

班级		组别	
记录人		组长	
项目	记录		
资讯检索情况	良好□　一般□　不足□　不足说明：		
展示成果时表达情况	良好□　一般□　不足□　不足说明：		
团队合作情况	良好□　一般□　不足□　不足说明：		
创新情况	良好□　一般□　不足□　不足说明：		
技能掌握情况			
出现的问题			
解决的方法			

二、任务评价

由组长组织小组成员对工作任务完成情况进行自评和小组评价，然后再对每个成员在工作任务完成过程中的综合情况进行总体评价。

1. 根据技能操作的情况，对照表 3-3-10 进行技能操作评价。

表 3-3-10　技能操作评价表

班级				组别		
被评价人				组长		
序号	主要内容	考核要求	评价标准	配分/分	自评	组评
1	二极管的识读与判别	识读二极管的型号	正确识读二极管的型号 每处错误扣 2 分	10		
		判别二极管的极性	正确使用万用表判别二极管的极性 判别错误不得分；操作步骤不正确，每处扣 2 分	10		
		判断二极管的好坏	正确使用万用表判断二极管的好坏 判断错误不得分；操作步骤不正确，每处扣 2 分	10		
2	单相桥式整流电路的焊接与检查	元件引脚成形	元件的引脚成形符合安装工艺要求 不符合要求每处扣 2 分	10		
		安装、焊接电路	元件安装正确，极性符合要求 不符合要求每处扣 2 分	20		

续表

序号	主要内容	考核要求	评价标准	配分/分	自评	组评
2	单相桥式整流电路的焊接与检查	安装、焊接电路	电路连接正确，连接导线横平竖直，无交叉 不符合要求每处扣2分	20		
			焊接牢固，焊点光亮、清洁，无焊接缺陷 不符合要求每处扣2分	20		
3	安全生产	注意安全操作	违反安全文明操作规程扣5~20分			
备注			合计	100		
			年 月 日			

2. 对照表3-3-11进行综合评价。

表3-3-11 综合评价表

班级			组别				
被评价人		组长		教师			
序号	评价内容		配分/分	自评（20%）	组评（20%）	师评（60%）	合计
1	安全意识、时间意识		10				
2	工作态度、劳动纪律		10				
3	团队合作、交流与沟通能力		10				
4	资料检索能力		10				
5	计划制订能力		10				
6	操作规范性		15				
7	任务完成情况		10				
8	任务验收质量		15				
9	现场整理、清扫情况		10				
合计			100				
创新能力（加20分）	创新性思维和行动		20				
总计			120				

一、填空题

1. 二极管是用＿＿＿＿材料制成的一种电子元件，具有＿＿＿＿＿＿性。

2. 二极管按材料可分为＿＿＿＿二极管、＿＿＿＿二极管和＿＿＿＿二极管等。

3. 单相桥式整流电路由＿＿＿＿＿＿、＿＿＿＿＿＿和＿＿＿＿＿＿组成。

4. 整流二极管 1N4001 有白色色标的一端为＿＿＿＿极。

二、选择题

1. 二极管内部是由（　　）构成的。

A. 1 个 PN 结　　B. 2 个 PN 结

C. 2 块 N 型半导体　　D. 2 块 P 型半导体

2. 用万用表 $R\times1$ k 挡测量某二极管时，发现其正、反向电阻均接近于 1 000 kΩ，说明该二极管（　　）。

A. 短路　　B. 完好　　C. 开路　　D. 无法判断

3. 指针式万用表的红表笔是与表内电池（　　）极相连的，黑表笔是与表内电池（　　）极相连的。

A. 正　　B. 负　　C. 阴　　D. 阳

三、综合题

1. 如题图 3-3-1 所示，简述单相桥式整流电路的工作原理。

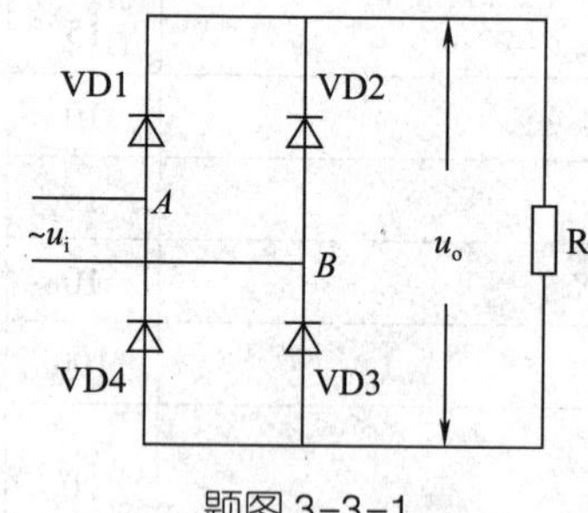

题图 3-3-1

2. 绘制题图 3-3-1 所示的单相桥式整流电路的输入、输出波形图。

任务 4　简单放大电路的安装

工作任务

本任务要求正确识别和检测三极管，安装、焊接由三极管构成的简单放大电路，进一步掌握基本的电子装接技能。

资讯学习

查阅教材及其他相关资料，了解和掌握完成本工作任务所需要的知识，并回答以下问题。

1. 检索国家标准，归纳整理三极管的分类、型号命名、图形与文字符号及应用。

2. 通过资讯检索和学习，分析三极管的三种工作状态，并举例说明这三种工作状态在实际电路中的应用。

3. 通过资讯检索和学习，了解放大电路的功能、分类和应用，并对比分析不同类型放大电路的工作原理及适用范围。

一、分组并制订工作计划

1. 根据工作任务的需求进行分组，并由组长组织组员协商，完成组员的任务分工，填写表 3-4-1。

表 3-4-1　小组成员分工表

班级		组别	
组员姓名	任务分工	备注	
		组长	

2. 小组讨论制订工作计划，分析计划的优缺点，并给出改进方案，将决策后的工作计划填入表 3-4-2 中。

表 3-4-2　工作计划决策方案

班级		组别		组长	
步骤	工作内容			负责人	

二、物料领用

根据任务要求，以小组为单位领取设备、工具、材料及其他用品。将领到的物料分类并填写表 3-4-3，由组长核对并签字确认。

表 3-4-3　设备、工具、材料及其他用品清单

班级		组别		组长	
序号	类别	清单			
1	设备				
2	工具				
3	材料				
4	其他用品				

三、安全文明生产检查

按照表 3-4-4 中列出的项目，以小组为单位进行安全文明生产检查，组长记录检查结果并签字确认。如发现有项目不能达到任务工作要求时应及时整改。

表 3-4-4　安全文明生产检查表

班级		组别		组长	
序号	检查项目				记录
1	熟读安全文明生产要求及设备使用说明				是□　否□
2	设备状况良好，通电试测正常				是□　否□
3	工具、材料齐备，符合电气安全及任务要求				是□　否□
4	安全防护及其他用品齐备，能正常使用				是□　否□
5	小组成员进入工作状态，个人防护用具穿戴合格				是□　否□

任务实施

一、识读与判别三极管

1. 识读三极管的引脚

根据表 3-4-5 中图示，填写三极管的类型和引脚说明。

表 3-4-5 识读三极管

图示	三极管类型	引脚说明

2. 判别三极管的管型和极性

（1）判别三极管的管型

按照教材图 3-4-4 所示方法，判别三极管的管型并记录操作过程。

（2）判别三极管的极性

根据实际操作情况，将三极管极性判别步骤的实施内容记录在表 3-4-6 中。

表 3-4-6 判别三极管的极性

步骤	图示	实施内容
准备		

续表

步骤	图示	实施内容
判别三极管的基极	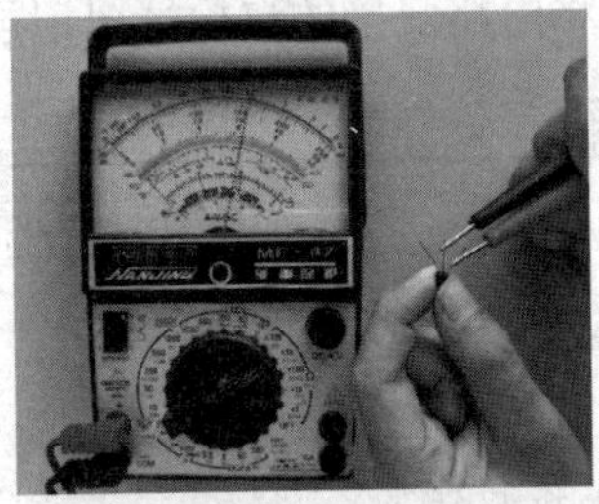 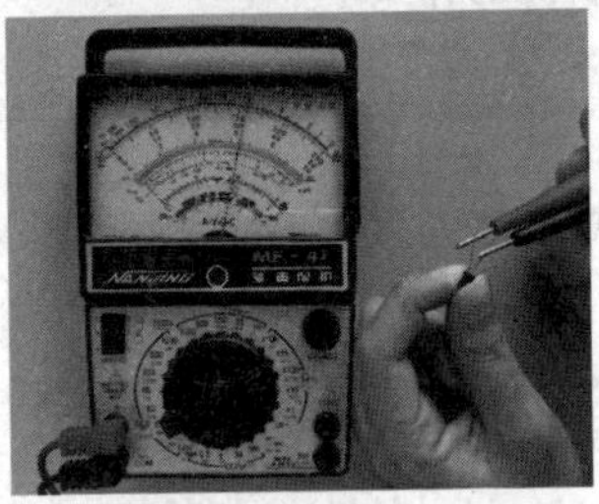	
判别三极管的发射极和集电极	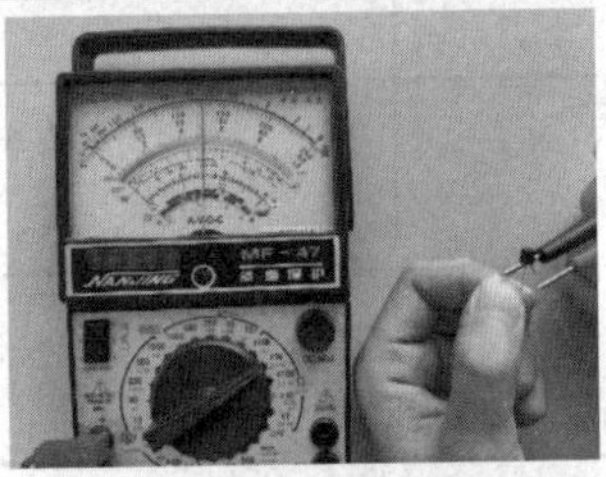 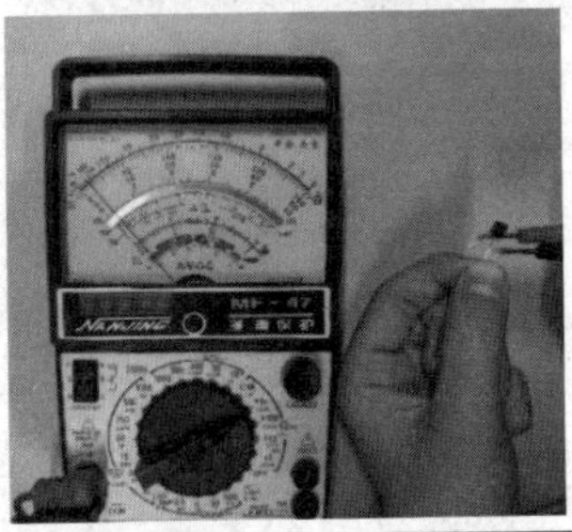	NPN 型： PNP 型：

二、安装及检查电路

1. 三引脚元件的引脚成形

三引脚元件成形如图 3-4-1 所示，在横线上写出三引脚元件的插装方式。

____

____

图 3-4-1　三引脚元件成形

2. 电路安装与焊接

根据教材图 3-4-2，进行电路元件的安装和导线的连接，完成后对电路的装接质量进行自检。重点检查装配的准确性和焊点质量情况，将电路装接的自检情况记录在表 3-4-7 中。

表 3-4-7　电路装接自检表

自检项目	自检结果	出现问题的原因和解决方法
按照图纸正确接线	电路安装中存在______处接线错误	
元件完好，无损伤	安装过程中损坏或碰伤元件______个	
焊点质量良好	焊接中，存在质量问题的焊点共有______处 出现的问题主要有______________________________	
布线美观，横平竖直		
其他问题		

展示与评价

一、成果展示

1. 以小组为单位派出代表介绍自己小组的学习成果，听取并记录其他小组对本组学习成果的评价和建议。

2. 根据其他小组对本组展示成果的评价意见进行归纳总结，填写表3-4-8。

表3-4-8　成果展示情况评价表

班级		组别	
记录人		组长	
项目	记录		
资讯检索情况	良好□　一般□　不足□　不足说明：		
展示成果时表达情况	良好□　一般□　不足□　不足说明：		
团队合作情况	良好□　一般□　不足□　不足说明：		
创新情况	良好□　一般□　不足□　不足说明：		
技能掌握情况			
出现的问题			
解决的方法			

二、任务评价

由组长组织小组成员对工作任务完成情况进行自评和小组评价，然后再对每个成员在工作任务完成过程中的综合情况进行总体评价。

1. 根据技能操作的情况，对照表3-4-9进行技能操作评价。

表3-4-9　技能操作评价表

班级			组别			
被评价人			组长			
序号	主要内容	考核要求	评价标准	配分/分	自评	组评
1	三极管的识读与判别	识读三极管的型号	正确识读三极管的型号 每处错误扣2分	15		
		判别三极管的管型和极性	正确使用万用表判别三极管的管型和极性 判别错误不得分；操作不正确，每处扣2分	15		
2	简单放大电路的焊接与检查	元件引脚成形	元件的引脚成形符合安装工艺要求 不符合要求每处扣2分	15		
		安装、焊接电路	元件安装正确，极性符合电路要求 不符合要求每处扣2分	15		
			电路连接正确，连接导线横平竖直，无交叉 不符合要求每处扣2分	20		
			焊接牢固，焊点光亮、清洁，无焊接缺陷 不符合要求每处扣2分	20		

续表

序号	主要内容	考核要求	评价标准	配分/分	自评	组评
3	安全操作	注意安全操作	违反安全文明操作规程扣 5~20 分			
备注			合计	100		
			年 月 日			

2. 对照表 3-4-10 进行综合评价。

表 3-4-10 综合评价表

班级			组别			
被评价人	组长		教师			
序号	评价内容	配分/分	自评（20%）	组评（20%）	师评（60%）	合计
1	安全意识、时间意识	10				
2	工作态度、劳动纪律	10				
3	团队合作、交流与沟通能力	10				
4	资料检索能力	10				
5	计划制订能力	10				
6	操作规范性	15				
7	任务完成情况	10				
8	任务验收质量	15				
9	现场整理、清扫情况	10				
合计		100				
创新能力（加 20 分）	创新性思维和行动	20				
总 计		120				

一、填空题

1. 三极管的作用是把__________的电信号放大成__________较大的电信号。
2. 三极管按结构工艺分为__________型和__________型。
3. 三极管有________种工作状态，分别为__________、__________和__________。

二、判断题（正确的打"√"，错误的打"×"）

1. NPN 型三极管工作在放大区，要求发射结正偏，集电结正偏。（　　）
2. 三极管按制造材料分为硅三极管和锗三极管。（　　）
3. 三极管是电压放大元件。（　　）

三、综合题

1. 如何判别 PNP 型三极管的基极、发射极和集电极？

2. 如题图 3-4-1 所示，简述三极管放大电路的工作原理。

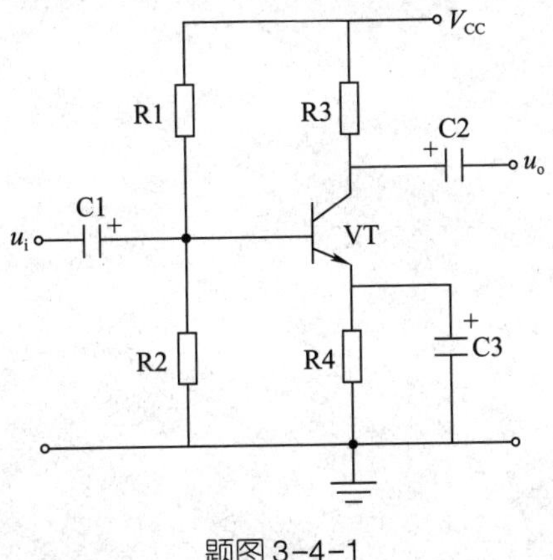

题图 3-4-1

3. 绘制题图 3-4-1 所示的三极管放大电路的信号输入、输出波形图。

课题四
钳工基本技能

任务 1 划线

工作任务

本任务要求使用划线工具在圆钢上划出錾口锤锤头长方体轮廓线。

资讯学习

查阅教材及其他相关资料，了解和掌握完成本工作任务所需要的知识，并回答以下问题。

1. 通过资讯检索，简述钳工基本操作技能的内容及应用。

2. 学习教材表 4-1-2 讲解的常用钳工划线工具，对于每一类，列举出一种教材中没有介绍的工具，并说明其用途。

一、分组并制订工作计划

1. 根据工作任务的需求进行分组，并由组长组织组员协商，完成组员的任务分工，填写表 4-1-1。

表 4-1-1　小组成员分工表

班级		组别	
组员姓名	任务分工	备注	
		组长	

2. 小组讨论制订工作计划，分析计划的优缺点，并给出改进方案，将决策后的工作计划填入表 4-1-2 中。

表 4-1-2　工作计划决策方案

班级		组别		组长	
步骤	工作内容			负责人	

二、物料领用

根据任务要求，以小组为单位领取设备、工具、材料及其他用品。将领到的物料分类并填写表 4-1-3，由组长核对并签字确认。

表 4-1-3　设备、工具、材料及其他用品清单

班级		组别		组长	
序号	类别	清单			
1	设备				
2	工具				
3	材料				
4	其他用品				

三、安全文明生产检查

按照表 4-1-4 中列出的项目，以小组为单位进行安全文明生产检查，组长记录检查结果并签字确认。如发现有项目不能达到任务工作要求时应及时整改。

表 4-1-4　安全文明生产检查表

班级		组别		组长	
序号	检查项目				记录
1	熟读安全文明生产要求及设备使用说明				是□　否□
2	设备状况良好，通电试测正常				是□　否□
3	工具、材料齐备，符合电气安全及任务要求				是□　否□
4	安全防护及其他用品齐备，能正常使用				是□　否□
5	小组成员进入工作状态，个人防护用具穿戴合格				是□　否□

任务实施

一、认识、使用高度游标卡尺

1. 在图 4-1-1 中填写高度游标卡尺各部分的名称。

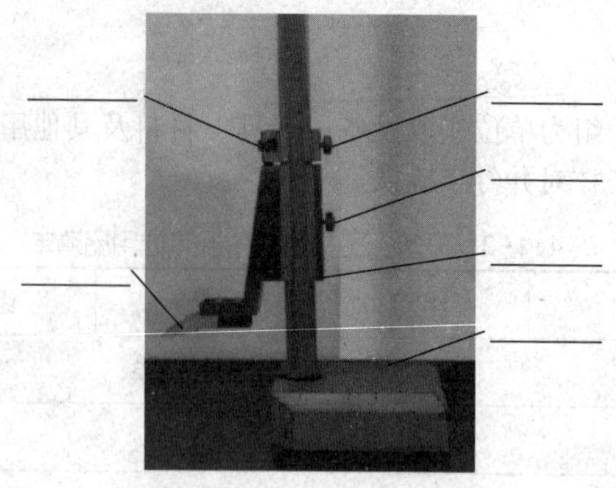

图 4-1-1　高度游标卡尺

2. 根据图示结合实际操作，将图 4-1-2 中高度游标卡尺的使用方法填写完整。

移动________，使________接近于需要的高度尺寸，再拧紧________上的紧固螺钉1。

调节________，使________对准所需尺寸，再拧紧________。

用一只手握住________并稍加压力，另一只手推动________沿着平板均匀地滑动，在________上划出需要的水平线。

图 4-1-2　高度游标卡尺的使用方法

二、划线

1. 图样分析

根据教材图 4-1-2，分析所需加工的操作内容和尺寸数据。

2. 划线

根据教材内容，完成在圆柱工件上的划线操作，并根据操作情况填写表 4-1-5。

表 4-1-5 在圆柱工件上划线

操作项目	操作记录	关键操作
测量工件外圆最高点		测量读数：
划工件中心线		调节高度：
划第一条线		调节高度：
划第二条线		旋转 90°并检查：
划第三条线		旋转 90°并检查：
划第四条线		旋转 90°并检查：

3. 划线操作自检

将划线过程中遇到的问题或错误及解决方法填入表 4-1-6 中。

表 4-1-6 划线操作自检表

问题或错误	解决方法
调节高度游标卡尺时量爪撞击工件	
划线不平直	
其他问题：	

一、成果展示

1. 以小组为单位派出代表介绍自己小组的学习成果，听取并记录其他小组对本组学习成果的评价和建议。

2. 根据其他小组对本组展示成果的评价意见进行归纳总结，填写表 4-1-7。

表 4-1-7　成果展示情况评价表

班级		组别	
记录人		组长	
项目	记录		
资讯检索情况	良好□　一般□　不足□　不足说明：		
展示成果时表达情况	良好□　一般□　不足□　不足说明：		
团队合作情况	良好□　一般□　不足□　不足说明：		
创新情况	良好□　一般□　不足□　不足说明：		
技能掌握情况			
出现的问题			
解决的方法			

二、任务评价

由组长组织小组成员对工作任务完成情况进行自评和小组评价，然后再对每个成员在工作任务完成过程中的综合情况进行总体评价。

1. 根据技能操作的情况，对照表 4-1-8 进行技能操作评价。

表 4-1-8　技能操作评价表

班级			组别			
被评价人			组长			
序号	主要内容	考核要求	评价标准	配分/分	自评	组评
1	划线	使用高度游标卡尺和 90° 角尺进行工件的找正及划线	圆钢工件的找正方法正确，操作步骤规范 每处错误扣 5 分	20		
			正确使用高度游标卡尺，识读数据准确 每处错误扣 5 分	20		
			划线方法正确，操作步骤规范 每处错误扣 5 分	20		
			线条清楚、均匀，能完成划线自检 不符合要求每处扣 5 分	40		
2	安全生产	注意安全操作	违反安全文明操作规程，扣 5~20 分			
备注			合计	100		
			年　月　日			

2. 按照表 4-1-9 进行综合评价。

表 4-1-9　综合评价表

班级			组别				
被评价人		组长		教师			
序号	评价内容		配分/分	自评（20%）	组评（20%）	师评（60%）	合计
1	安全意识、时间意识		10				
2	工作态度、劳动纪律		10				
3	团队合作、交流与沟通能力		10				
4	资料检索能力		10				
5	计划制订能力		10				
6	操作规范性		15				
7	任务完成情况		10				
8	任务验收质量		15				
9	现场整理、清扫情况		10				
合计			100				
创新能力（加 20 分）	创新性思维和行动		20				
总 计			120				

复习巩固

一、填空题

1. 划线工具按用途可以分为__________、__________、__________和__________。
2. V 形铁相邻各面__________，用来支撑圆形工件，以便于__________和__________。
3. 高度游标卡尺由__________和__________组成，调节螺钉可以______________________，尖可以完成____________，也可以__________。
4. 划线盘的作用是____________________和____________________。

二、选择题

1. 下列工具中，不属于基准工具的是（　　）。

A. 划线平台　　B. V 形铁

C. 划线盘　　D. 三角铁

2. 划规不能完成的功能是（　　）。

A. 找水平　　B. 定角度

C. 划圆　　D. 划线段

3. 样冲不能完成的功能是（　　）。

A. 完成划线标记　　B. 标记尺寸界限

C. 校正工件　　D. 确定中心

三、综合题

1. 简述划线的一般步骤。

2. 简述划线时的操作注意事项。

任务 2　錾削

工作任务

本任务要求在划线后的圆钢上进行錾削操作，完成长方体锤头的錾削加工。

资讯学习

查阅教材及其他相关资料，了解和掌握完成本工作任务所需要的知识，并回答以下问题。

1. 学习教材内容，说明常见的三种錾子的区别及其应用范围。

2. 学习教材内容，分析錾削平面的三个阶段，并总结其技能操作要领。

任务准备

一、分组并制订工作计划

1. 根据工作任务的需求进行分组，并由组长组织组员协商，完成组员的任务分工，填写表 4-2-1。

表 4-2-1　小组成员分工表

班级		组别	
组员姓名	任务分工	备注	
		组长	

2. 小组讨论制订工作计划，分析计划的优缺点，并给出改进方案，将决策后的工作计划填入表 4-2-2 中。

表 4-2-2　工作计划决策方案

班级		组别		组长	
步骤	工作内容			负责人	

二、物料领用

根据任务要求，以小组为单位领取设备、工具、材料及其他用品。将领到的物料分类并填写表 4-2-3，由组长核对并签字确认。

表 4-2-3　设备、工具、材料及其他用品清单

班级		组别		组长	
序号	类别	清单			
1	设备				
2	工具				
3	材料				
4	其他用品				

三、安全文明生产检查

按照表 4-2-4 中列出的项目，以小组为单位进行安全文明生产检查，组长记录检查结果并签字确认。如发现有项目不能达到任务工作要求时应及时整改。

表 4-2-4　安全文明生产检查表

班级		组别		组长	
序号	检查项目				记录
1	熟读安全文明生产要求及设备使用说明				是□　否□
2	设备状况良好，通电试测正常				是□　否□
3	工具、材料齐备，符合电气安全及任务要求				是□　否□
4	安全防护及其他用品齐备，能正常使用				是□　否□
5	小组成员进入工作状态，个人防护用具穿戴合格				是□　否□

任务实施

一、练习使用常用錾削工具

1. 錾子的使用

根据图示结合实际操作，在表 4-2-5 中填写錾子的握法和使用说明。

表 4-2-5 錾子的握法和使用说明

图示	握法	使用说明

2. 手锤的使用

根据图示结合实际操作，在表 4-2-6 中填写手锤的握法和使用说明。

表 4-2-6 手锤的握法和使用说明

图示	握法	使用说明

二、錾口锤锤头的錾削加工

1. 錾削加工

根据教材内容，完成工件的錾削加工操作，并结合操作情况填写表 4-2-7。

表 4-2-7　錾口锤锤头錾削加工

操作项目	操作记录	关键操作
装夹工件		找正： 装夹高度： 衬垫：
起錾		站姿： 起錾角度：
錾削第一个平面		正常錾削角度： 錾削量： 工件尾部錾削： 平整度：
錾削第二个平面		正常錾削角度： 錾削量： 工件尾部錾削： 平整度：
检查垂直度		检查方法：

2. 錾削加工自检

将錾削过程中遇到的问题或错误及解决方法填入表 4-2-8 中。

表 4-2-8　錾削加工自检表

问题或错误	解决方法
錾削时打滑	
錾出缺口	
錾削痕迹不平整	
其他问题：	

一、成果展示

1. 以小组为单位派出代表介绍自己小组的学习成果，听取并记录其他小组对本组学习成果的评价和建议。

2. 根据其他小组对本组展示成果的评价意见进行归纳总结，填写表 4-2-9。

表 4-2-9　成果展示情况评价表

班级		组别	
记录人		组长	
项目	记录		
资讯检索情况	良好□　一般□　不足□　不足说明：		
展示成果时表达情况	良好□　一般□　不足□　不足说明：		
团队合作情况	良好□　一般□　不足□　不足说明：		
创新情况	良好□　一般□　不足□　不足说明：		
技能掌握情况			
出现的问题			
解决的方法			

二、任务评价

由组长组织小组成员对工作任务完成情况进行自评和小组评价，然后再对每个成员在工作任务完成过程中的综合情况进行总体评价。

1. 根据技能操作的情况，对照表 4-2-10 进行技能操作评价。

表 4-2-10　技能操作评价表

班级			组别			
被评价人			组长			
序号	主要内容	考核要求	评价标准	配分/分	自评	组评
1	錾削	掌握正确的錾削方法，完成工件的錾削加工	錾削姿势正确，工件夹持位置准确 不符合要求每处扣 5 分	20		
			正确使用工、量具 每处错误扣 5 分	20		
			錾削方法正确，操作步骤规范 不符合要求每处扣 5 分	30		
			錾削质量合格，能完成錾削自检 不符合要求每处扣 5 分	30		
2	安全生产	注意安全操作	违反安全文明操作规程，扣 5~20 分			
备注			合计	100		
			年　月　日			

2. 按照表 4-2-11 进行综合评价。

表 4-2-11　综合评价表

班级			组别				
被评价人		组长		教师			
序号	评价内容		配分/分	自评（20%）	组评（20%）	师评（60%）	合计
1	安全意识、时间意识		10				
2	工作态度、劳动纪律		10				
3	团队合作、交流与沟通能力		10				
4	资料检索能力		10				
5	计划制订能力		10				
6	操作规范性		15				
7	任务完成情况		10				
8	任务验收质量		15				
9	现场整理、清扫情况		10				
合计			100				
创新能力（加 20 分）	创新性思维和行动		20				
总计			120				

一、填空题

1. 錾削是____的操作方法。

2. 錾子是錾削工件用的________具，常用的錾子有________、________、________三种。

3. 錾子由________和__________组成，其切削部分呈________，前刀面与后刀面的夹角称为________，是决定錾子的________和________的重要参数。

4. 手锤是钳工常用的________工具，手锤的规格以______________来表示。

5. 錾子刃磨时，必须使切削刃________砂轮水平中心线，在砂轮全宽上做左右移动，用力均匀，________交替进行，直至磨出所需的________值。

6. 錾削时根据____________________的不同选取不同的楔角：錾削________、______材料，楔角要大一些；錾削______、______、______材料，楔角要小一些。

7. 錾削平面一般用________进行，錾削平面时有________、________和________三个阶段。

8. 錾断板料时，在板料下垫________材料，避免损伤錾子的________。操作时先按划线部位____________，再用________使板料折断。

二、选择题

1. 钳工常用的錾子不包括（　　）。

A. 扁錾　　B. 尖錾　　C. 石錾　　D. 油槽錾

2. 錾削结构钢工件时，錾子的楔角应为（　　）。

A. 70°~90°　　B. 60°~70°　　C. 50°~60°　　D. 30°~50°

3. 錾削工具钢工件时，錾子的楔角应为（　　）。

A. 70°~90°　　B. 60°~70°　　C. 50°~60°　　D. 30°~50°

4. 錾削不能完成（　　）操作。

A. 加工平面　　B. 加工沟槽　　C. 加工内圆面　　D. 切断板料

三、综合题

1. 简述几何角度在錾子錾削时的作用。

2. 简述挥锤的方法及动作要领。

3. 简述本任务中进行平面度检查时采用的工具及方法。

4. 简述錾削操作过程中的注意事项。

任务 3　锯削

工作任务

本任务要求在錾削完成后的工件上继续进行锯削加工。

资讯学习

查阅教材及其他相关资料，了解和掌握完成本工作任务所需要的知识，并回答以下问题。

1. 通过资讯检索和学习，归纳锯弓、锯条的分类和用途。

2. 讨论夹持工件时的注意事项，并判断图 4-3-1 中的锯削线是否正确，如不正确，分析错误的原因。

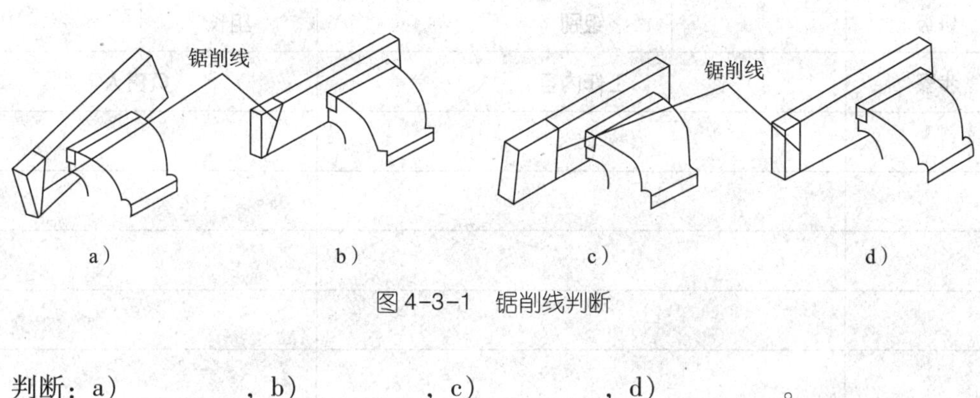

图 4-3-1 锯削线判断

判断：a）________，b）________，c）________，d）________。

分析：

任务准备

一、分组并制订工作计划

1. 根据工作任务的需求进行分组，并由组长组织组员协商，完成组员的任务分工，填写表 4-3-1。

表 4-3-1　小组成员分工表

班级		组别	
组员姓名	任务分工	备注	
		组长	

2. 小组讨论制订工作计划，分析计划的优缺点，并给出改进方案，将决策后的工作计划填入表 4-3-2 中。

表 4-3-2　工作计划决策方案

班级		组别		组长	
步骤	工作内容			负责人	

二、物料领用

根据任务要求，以小组为单位领取设备、工具、材料及其他用品。将领到的物料分类并填写表 4-3-3，由组长核对并签字确认。

表 4-3-3 设备、工具、材料及其他用品清单

班级		组别		组长	
序号	类别	清单			
1	设备				
2	工具				
3	材料				
4	其他用品				

三、安全文明生产检查

按照表 4-3-4 中列出的项目，以小组为单位进行安全文明生产检查，组长记录检查结果并签字确认。如发现有项目不能达到任务工作要求时应及时整改。

表 4-3-4 安全文明生产检查表

班级		组别		组长	
序号	检查项目				记录
1	熟读安全文明生产要求及设备使用说明				是□ 否□
2	设备状况良好，通电试测正常				是□ 否□
3	工具、材料齐备，符合电气安全及任务要求				是□ 否□
4	安全防护及其他用品齐备，能正常使用				是□ 否□
5	小组成员进入工作状态，个人防护用具穿戴合格				是□ 否□

任务实施

一、锯削工具

在图 4-3-2 中填写手锯各部分的名称。

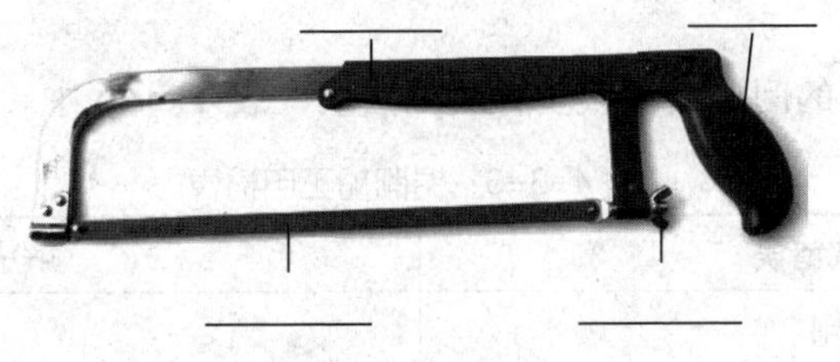

图 4-3-2 手锯

图 4-3-3 中，图____锯条安装正确，因为________________________________才起锯削作用。

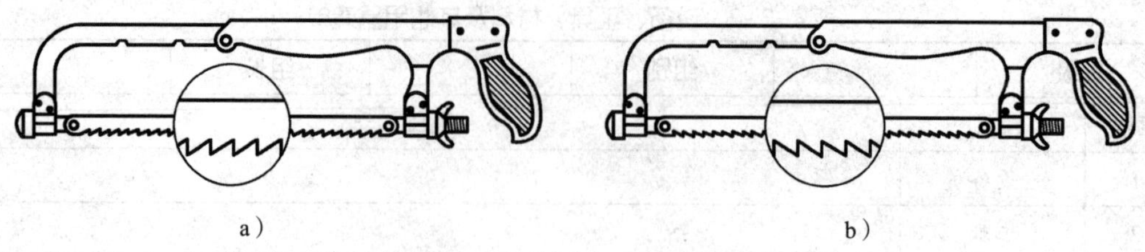
a）　　b）

图 4-3-3　锯条的安装方向

二、锯削

1. 锯削加工

根据教材内容，完成工件的锯削加工操作，并结合操作情况填写表 4-3-5。

表 4-3-5　锯削加工

操作项目	操作记录	关键操作
装夹工件		夹持位置： 夹持尺寸：
起锯		站姿： 起锯位置： 起锯角度： 施力及行程：
锯削第一个面		锯削的施力及行程： 锯削收尾： 尺寸检查：
锯削第二个面		锯削的施力及行程： 锯削收尾： 尺寸检查：

2. 锯削加工自检

将锯削过程中遇到的问题或错误及解决方法填入表 4-3-6 中。

表 4-3-6　锯削加工自检表

问题或错误	解决方法
锯削困难，不能正常锯削	
锯缝歪斜	
锯条折断	

续表

问题或错误	解决方法
其他问题：	

展示与评价

一、成果展示

1. 以小组为单位派出代表介绍自己小组的学习成果，听取并记录其他小组对本组学习成果的评价和建议。

2. 根据其他小组对本组展示成果的评价意见进行归纳总结，填写表4-3-7。

表4-3-7 成果展示情况评价表

班级		组别	
记录人		组长	
项目	记录		
资讯检索情况	良好□ 一般□ 不足□ 不足说明：		
展示成果时表达情况	良好□ 一般□ 不足□ 不足说明：		
团队合作情况	良好□ 一般□ 不足□ 不足说明：		
创新情况	良好□ 一般□ 不足□ 不足说明：		
技能掌握情况			
出现的问题			
解决的方法			

二、任务评价

由组长组织小组成员对工作任务完成情况进行自评和小组评价，然后再对每个成员在工作任务完成过程中的综合情况进行总体评价。

1. 根据技能操作的情况，对照表4-3-8进行技能操作评价。

表 4-3-8　技能操作评价表

班级			组别			
被评价人			组长			
序号	主要内容	考核要求	评价标准	配分/分	自评	组评
1	锯削	掌握正确的锯削方法，完成工件的锯削加工	正确使用工具，锯条安装无误 不符合要求每处扣 5 分	20		
			锯削姿势正确，工件夹持位置无误 每处错误扣 5 分	20		
			锯削方法正确，操作步骤规范 不符合要求每处扣 5 分	30		
			锯削质量合格，能完成锯削自检 不符合要求每处扣 5 分	30		
2	安全生产	注意安全操作	违反安全文明操作规程，扣 5~20 分			
备注			合计	100		
			年　月　日			

2. 按照表 4-3-9 进行综合评价。

表 4-3-9　综合评价表

班级			组别				
被评价人		组长		教师			
序号	评价内容		配分/分	自评（20%）	组评（20%）	师评（60%）	合计
1	安全意识、时间意识		10				
2	工作态度、劳动纪律		10				
3	团队合作、交流与沟通能力		10				
4	资料检索能力		10				
5	计划制订能力		10				
6	操作规范性		15				
7	任务完成情况		10				
8	任务验收质量		15				
9	现场整理、清扫情况		10				
合计			100				
创新能力（加 20 分）	创新性思维和行动		20				
总计			120				

复习巩固

一、填空题

1. 锯削是____________________________________的加工方法。

2. 手锯由锯弓和锯条两部分组成，锯弓用于________________，锯条用于完成________________。

3. 根据锯条锯齿的________________，可将锯条分为________、________和________三类。

4. 用________手满握手锯手柄，控制锯削操作的________和________；________手轻扶在锯弓前端，配合右手____________。

5. 手锯的推挽速度一般控制在________次/min 左右，锯削硬材料时速度________一点，锯削软材料时速度可以________一点。

二、选择题

1. 锯削薄壁管子时，应选用（　　）锯条。

A. 粗齿　　B. 中齿　　C. 细齿

2. 锯削缝隙和厚度较大的材料时，应选用（　　）锯条。

A. 粗齿　　B. 中齿　　C. 细齿

3. 安装锯条时，锯条的齿尖应（　　）。

A. 向上　　B. 向前　　C. 向后

4. 锯削过程中，身体的倾斜角度根据锯削的行程变化，最大的倾角一般为（　　）。

A. 10°　　B. 15°　　C. 18°　　D. 20°

三、综合题

1. 简述正确的锯削姿势。

2. 简述管料的锯削方法。

任务 4　锉削

工作任务

本任务要求在锯削完成的工件上继续进行锉削加工，达到尺寸和精度要求。

资讯学习

查阅教材及其他相关资料，了解和掌握完成本工作任务所需要的知识，并回答以下问题。

1. 学习教材知识，对比常用钳工锉刀的类型和用途。

2. 通过学习，分析锉削过程中锉刀的受力情况，并说明如果施力不当会造成何种偏差。

3. 教材表 4-4-7 讲解了典型加工面的锉削方法，结合实际工作情况，分析一个复杂零件不同面的锉削方法。

任务准备

一、分组并制订工作计划

1. 根据工作任务的需求进行分组，并由组长组织组员协商，完成组员的任务分工，填写表 4-4-1。

表 4-4-1　小组成员分工表

班级		组别	
组员姓名	任务分工	备注	
		组长	

2. 小组讨论制订工作计划，分析计划的优缺点，并给出改进方案，将决策后的工作计划填入表 4-4-2 中。

表 4-4-2　工作计划决策方案

班级		组别		组长	
步骤	工作内容			负责人	

二、物料领用

根据任务要求，以小组为单位领取设备、工具、材料及其他用品。将领到的物料分类并填写表4-4-3，由组长核对并签字确认。

表4-4-3　设备、工具、材料及其他用品清单

班级			组别		组长	
序号	类别	清单				
1	设备					
2	工具					
3	材料					
4	其他用品					

三、安全文明生产检查

按照表4-4-4中列出的项目，以小组为单位进行安全文明生产检查，组长记录检查结果并签字确认。如发现有项目不能达到任务工作要求时应及时整改。

表4-4-4　安全文明生产检查表

班级		组别		组长	
序号	检查项目				记录
1	熟读安全文明生产要求及设备使用说明				是□　否□
2	设备状况良好，通电试测正常				是□　否□
3	工具、材料齐备，符合电气安全及任务要求				是□　否□
4	安全防护及其他用品齐备，能正常使用				是□　否□
5	小组成员进入工作状态，个人防护用具穿戴合格				是□　否□

一、锉削工具的使用

1. 根据锉刀的截面图示，在表4-4-5中填写锉刀的类型。

表4-4-5　锉刀的类型

截面	（矩形截面）	（正方形截面）	（三角形截面）	（半圆形截面）	（圆形截面）
类型					

2. 锉刀需安装手柄后才能使用，根据图示结合实际操作，将图 4-4-1 安装手柄的操作记录填写完整。

将锉刀________插入手柄的安装孔，利用锉刀________墩入锉刀手柄。

用锤子敲击________，使锉刀________进入手柄并紧固。

图 4-4-1　锉刀手柄的安装

二、锉削

1. 锉削加工

根据教材内容，完成工件的锉削加工操作，并根据操作情况填写表 4-4-6。

表 4-4-6　锉削加工

操作项目	操作记录	关键操作
锉削第一个面		装夹工件及站姿： 精锉要求： 平面度检查：
锉削第二个面		装夹工件及站姿： 精锉要求： 平面度检查： 平行度检查：
锉削第三个面		装夹工件及站姿： 精锉要求： 平面度检查： 垂直度检查：
锉削第四个面		装夹工件及站姿： 精锉要求： 平面度检查： 平行度检查： 垂直度检查：

续表

操作项目	操作记录	关键操作
锉削第五个面		装夹工件及站姿： 精锉要求： 平面度检查： 垂直度检查：
锉削第六个面		划线： 装夹工件及站姿： 精锉要求： 平面度检查： 平行度检查： 垂直度检查：

2. 锉削加工自检

将锉削过程中遇到的问题或错误及解决方法填入表 4-4-7 中。

表 4-4-7　锉削加工自检表

问题或错误	解决方法
装锉刀手柄时手柄被胀裂	
操作时感觉难以施力	
锉削过度，超过尺寸要求	
其他问题：	

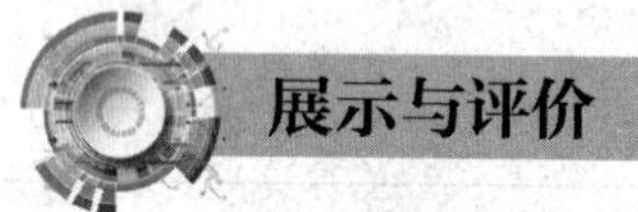

一、成果展示

1. 以小组为单位派出代表介绍自己小组的学习成果，听取并记录其他小组对本组学习成果的评价和建议。

2. 根据其他小组对本组展示成果的评价意见进行归纳总结，填写表 4-4-8。

表 4-4-8　成果展示情况评价表

班级		组别	
记录人		组长	
项目	记录		
资讯检索情况	良好□　一般□　不足□　不足说明：		
展示成果时表达情况	良好□　一般□　不足□　不足说明：		
团队合作情况	良好□　一般□　不足□　不足说明：		
创新情况	良好□　一般□　不足□　不足说明：		
技能掌握情况			
出现的问题			
解决的方法			

二、任务评价

由组长组织小组成员对工作任务完成情况进行自评和小组评价，然后再对每个成员在工作任务完成过程中的综合情况进行总体评价。

1. 根据技能操作的情况，对照表 4-4-9 进行技能操作评价。

表 4-4-9　技能操作评价表

班级			组别			
被评价人			组长			
序号	主要内容	考核要求	评价标准	配分/分	自评	组评
1	锉削	掌握正确的锉削方法，完成工件的锉削加工	正确使用工、量具，会安装锉刀 不符合要求每处扣 5 分	20		
			锉削姿势正确，工件夹持位置无误 每处错误扣 5 分	20		
			锉削方法正确，操作步骤规范 不符合要求每处扣 5 分	30		
			锉削质量合格，能完成锉削自检 不符合要求每处扣 5 分	30		
2	安全生产	注意安全操作	违反安全文明操作规程，扣 5~20 分			
备注			合计	100		
			年　月　日			

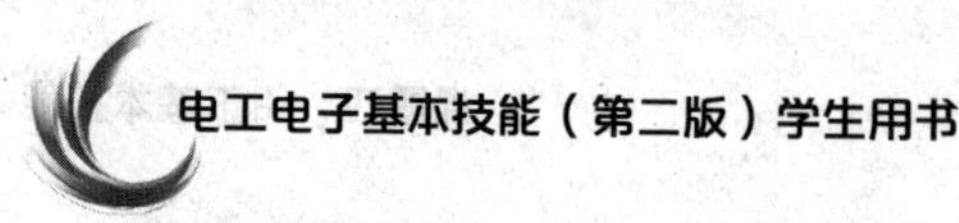

2. 按照表 4-4-10 进行综合评价。

表 4-4-10　综合评价表

班级			组别				
被评价人		组长		教师			
序号	评价内容		配分/分	自评（20%）	组评（20%）	师评（60%）	合计
1	安全意识、时间意识		10				
2	工作态度、劳动纪律		10				
3	团队合作、交流与沟通能力		10				
4	资料检索能力		10				
5	计划制订能力		10				
6	操作规范性		15				
7	任务完成情况		10				
8	任务验收质量		15				
9	现场整理、清扫情况		10				
合计			100				
创新能力（加 20 分）	创新性思维和行动		20				
总 计			120				

复习巩固

一、填空题

1. 锉削是____的方法。

2. 锉刀的锉纹分为________锉纹和________锉纹两种，除锉削软金属用________锉纹外，其他都用________锉纹。

3. 双锉纹锉刀的锉纹交错形成________，其粗细分为________、________、________等。

4. 锉削加工姿势要注意三个方面：____________、____________、____________。

5. 锉削操作推进锉刀时，两手加在锉刀上的__________应保证锉刀__________而不上下摆动，这样才能锉出__________的平面。

6. 推进锉刀时的推力大小主要由________手控制，而压力的大小则由________手协同________手控制。

二、选择题

1. 下列（　　）不是选择锉刀锉齿粗细的条件。

A. 锉削余量　B. 尺寸精度要求　C. 表面粗糙度要求　D. 工件大小

2. 完成尺寸精度要求为（　　）mm 的锉削可使用粗齿锉刀。

A. 0. 20~0. 50　B. 0. 05~0. 20　C. 0. 01

3. 开始锉削时，锉刀受力的情况是（　　）。

A. 推力大，压力小　B. 推力小，压力大

C. 推力和压力大小接近　D. 无推力和压力

4. 锉削到接近行程尾部时，锉刀受力的情况是（　　）。

A. 推力大，压力小　B. 推力小，压力大

C. 推力和压力大小接近　D. 无推力和压力

5. 采用透光法检查锉削平面时需要检查（　　）。

A. 纵向　B. 横向

C. 对角线方向　D. 以上三个方向

三、综合题

1. 简述锉削操作时的正确站姿。

2. 简述安装锉刀手柄时的注意事项。

3. 简述锉刀的正确握法。

任务 5　孔加工及螺纹加工

工作任务

本任务要求在锉削完成的工件上进行孔加工和内螺纹加工，并在圆杆上完成外螺纹加工。

资讯学习

查阅教材及其他相关资料，了解和掌握完成本工作任务所需要的知识，并回答以下问题。

1. 简述孔加工操作中如何进行钻头大小的选择。

2. 通过资讯检索与学习，简述除钻孔外还有哪些孔加工操作，并说明其应用。

3. 简述攻螺纹时如何选择丝锥尺寸。

4. 简述套螺纹时如何选择板牙尺寸。

任务准备

一、分组并制订工作计划

1. 根据工作任务的需求进行分组，并由组长组织组员协商，完成组员的任务分工，填写表 4-5-1。

表 4-5-1 小组成员分工表

班级		组别	
组员姓名	任务分工	备注	
		组长	

2. 小组讨论制订工作计划，分析计划的优缺点，并给出改进方案，将决策后的工作计划填入表 4-5-2 中。

表 4-5-2 工作计划决策方案

班级		组别		组长	
步骤	工作内容			负责人	

二、物料领用

根据任务要求，以小组为单位领取设备、工具、材料及其他用品。将领到的物料分类并填写表4-5-3，由组长核对并签字确认。

表4-5-3　设备、工具、材料及其他用品清单

班级		组别		组长	
序号	类别	清单			
1	设备				
2	工具				
3	材料				
4	其他用品				

三、安全文明生产检查

按照表4-5-4中列出的项目，以小组为单位进行安全文明生产检查，组长记录检查结果并签字确认。如发现有项目不能达到任务工作要求时应及时整改。

表4-5-4　安全文明生产检查表

班级		组别		组长	
序号	检查项目				记录
1	熟读安全文明生产要求及设备使用说明				是☐　否☐
2	设备状况良好，通电试测正常				是☐　否☐
3	工具、材料齐备，符合电气安全及任务要求				是☐　否☐
4	安全防护及其他用品齐备，能正常使用				是☐　否☐
5	小组成员进入工作状态，个人防护用具穿戴合格				是☐　否☐

任务实施

一、孔加工

1. 孔加工工具

根据图示，在表4-5-5中填写孔加工工具的名称和用途。

表 4-5-5　孔加工工具

图示	名称	用途

2. 更换钻头

根据图示结合实际操作，将更换钻头的实施内容记录在表 4-5-6 中。

表 4-5-6　更换钻头

类型	图示	实施内容
直柄式	松	
锥柄式	矩形舌部 钻头套 斜铁	

3. 孔加工

根据图示结合实际操作情况，将图 4-5-1 中孔加工的实施内容填写完整。

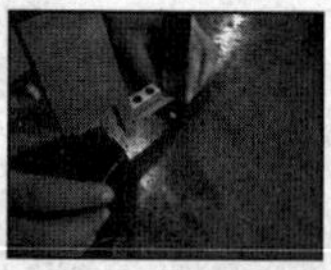

按图样要求划出孔的________线。

先将样冲外倾，使________对准十字线正中，然后将样冲________，冲点。

用______装夹工件，然后将______固定在台钻的________上，调整好工件的位置。

选择ϕ________mm钻头并装于钻夹头上，然后缓缓转动台钻_________，在确认钻头__________之后，再用钻夹头钥匙锁紧钻头。

接通电源，扳动________手柄，钻头下降，对准________；启动台钻，先钻一个小凹坑，以防钻头________。

按照钻孔的操作__________完成钻孔操作。

钻孔完成后，使用__________钻进行孔口倒角。

图 4-5-1　孔加工

4. 孔加工自检

将孔加工过程中遇到的问题或错误及解决方法填入表 4-5-7 中。

表 4-5-7　孔加工自检表

问题或错误	解决方法
钻孔时钻头偏移	
钻孔位置不准确	
其他问题：	

二、螺纹加工

1. 螺纹加工工具

根据图示，在表 4-5-8 中填写螺纹加工工具的名称与用途。

表 4-5-8　螺纹加工工具

图示	名称	用途

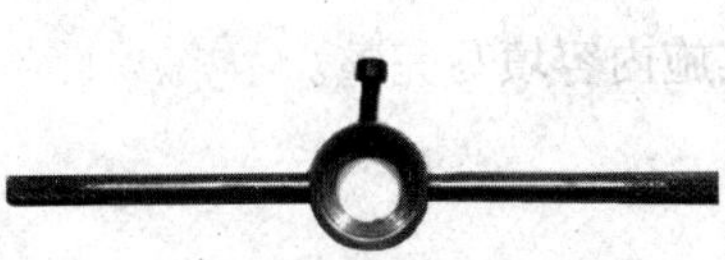		

2. 攻螺纹

根据图示结合实际操作情况，将图 4-5-2 攻螺纹的实施内容填写完整。

装夹工件时，尽量使其孔________置于__________位置。

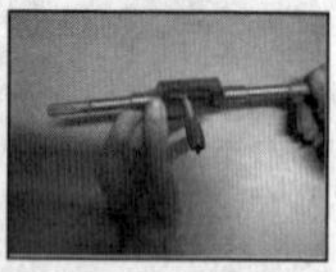

选用M______丝锥，将______锥安装在铰杠中间的______中，并紧固铰杠。

将丝锥导入________中，起攻时，要把丝锥________，右手握住铰杠________，并适当加压，左手握住铰杠________旋转，将丝锥拧入孔内________圈。

将________卸下，检查丝锥与工件表面的________度。如发现有偏斜，应在继续攻螺纹中加以________，并再做________。

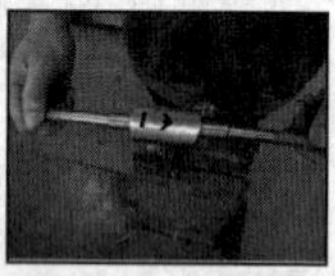

双手扶持铰杠，攻削螺纹。当头锥前端攻入约________长度后，为避免________而卡住丝锥，攻螺纹时铰杠每转动________圈，就应倒转________圈，使切屑容易排出。

改用________锥再次进行攻螺纹加工，以攻削至________及提高螺纹________程度。

图 4-5-2　攻螺纹

3. 套螺纹

根据图示结合实际操作情况，将图 4-5-3 中套螺纹的实施内容填写完整。

套螺纹前，圆杆端部应倒成________的锥角。

将板牙安装于板牙架中，将板牙架上的__________对准板牙________，拧紧螺钉加以固定。

为防止圆杆夹持偏重或夹出痕迹，一般用__________作衬垫，以保证__________。圆杆套螺纹部分伸出尽量_________，呈________方向放置。起套方法与攻螺纹起攻方法一样。特别注意，在板牙切入圆杆________圈时，应及时检查其________度并做________。

套螺纹过程中，为了断屑，板牙转动______圈左右要倒转________圈进行排屑。

将外螺纹的圆杆旋入加工完成的内螺纹孔中，如果旋入比较________，说明内、外螺纹的加工质量较好。

图 4-5-3 套螺纹

4. 螺纹加工自检

将螺纹加工过程中遇到的问题或错误及解决方法填入表 4-5-9 中。

表 4-5-9 螺纹加工自检表

问题或错误	解决方法
螺纹牙型撕裂	
螺纹孔扩大或出现锥度	
其他问题：	

展示与评价

一、成果展示

1. 以小组为单位派出代表介绍自己小组的学习成果，听取并记录其他小组对本组学习成果的评价和建议。

2. 根据其他小组对本组展示成果的评价意见进行归纳总结，填写表4-5-10。

表4-5-10 成果展示情况评价表

班级		组别	
记录人		组长	
项目	记录		
资讯检索情况	良好□ 一般□ 不足□ 不足说明：		
展示成果时表达情况	良好□ 一般□ 不足□ 不足说明：		
团队合作情况	良好□ 一般□ 不足□ 不足说明：		
创新情况	良好□ 一般□ 不足□ 不足说明：		
技能掌握情况			
出现的问题			
解决的方法			

二、任务评价

由组长组织小组成员对工作任务完成情况进行自评和小组评价，然后再对每个成员在工作任务完成过程中的综合情况进行总体评价。

1. 根据技能操作的情况，对照表4-5-11进行技能操作评价。

表 4-5-11 技能操作评价表

<table>
<tr><td colspan="2">班级</td><td colspan="2"></td><td colspan="3">组别</td></tr>
<tr><td colspan="2">被评价人</td><td colspan="2"></td><td colspan="3">组长</td></tr>
<tr><td>序号</td><td>主要内容</td><td>考核要求</td><td>评价标准</td><td>配分/分</td><td>自评</td><td>组评</td></tr>
<tr><td rowspan="3">1</td><td rowspan="3">孔加工</td><td rowspan="3">掌握正确的孔加工方法，完成工件的孔加工</td><td>正确使用工、量具，正确选择、安装钻头，工件夹持正确
不符合要求每处扣 5 分</td><td>10</td><td></td><td></td></tr>
<tr><td>孔加工方法正确，操作步骤规范
不符合要求每处扣 5 分</td><td>15</td><td></td><td></td></tr>
<tr><td>加工质量合格，能完成孔加工自检
不符合要求每处扣 5 分</td><td>15</td><td></td><td></td></tr>
<tr><td rowspan="3">2</td><td rowspan="3">攻螺纹</td><td rowspan="3">掌握正确的攻螺纹方法，完成工件的攻螺纹操作</td><td>正确使用工、量具，正确选择、安装丝锥，工件夹持正确
不符合要求每处扣 5 分</td><td>10</td><td></td><td></td></tr>
<tr><td>攻螺纹方法正确，操作步骤规范
不符合要求每处扣 5 分</td><td>10</td><td></td><td></td></tr>
<tr><td>加工质量合格，能完成攻螺纹加工自检
不符合要求每处扣 5 分</td><td>10</td><td></td><td></td></tr>
<tr><td rowspan="3">3</td><td rowspan="3">套螺纹</td><td rowspan="3">掌握正确的套螺纹方法，完成工件的套螺纹操作</td><td>正确使用工、量具，正确选择、安装板牙，工件夹持正确
不符合要求每处扣 5 分</td><td>10</td><td></td><td></td></tr>
<tr><td>套螺纹方法正确，操作步骤规范
不符合要求每处扣 5 分</td><td>10</td><td></td><td></td></tr>
<tr><td>加工质量合格，能完成套螺纹加工自检
不符合要求每处扣 5 分</td><td>10</td><td></td><td></td></tr>
<tr><td>4</td><td>安全生产</td><td>注意安全操作</td><td colspan="4">违反安全文明操作规程，扣 5~20 分</td></tr>
<tr><td rowspan="2">备注</td><td rowspan="2" colspan="2"></td><td>合计</td><td>100</td><td></td><td></td></tr>
<tr><td colspan="4">年 月 日</td></tr>
</table>

2. 按照表 4-5-12 进行综合评价。

表 4-5-12　综合评价表

班级			组别				
被评价人		组长		教师			
序号	评价内容		配分/分	自评（20%）	组评（20%）	师评（60%）	合计
1	安全意识、时间意识		10				
2	工作态度、劳动纪律		10				
3	团队合作、交流与沟通能力		10				
4	资料检索能力		10				
5	计划制订能力		10				
6	操作规范性		15				
7	任务完成情况		10				
8	任务验收质量		15				
9	现场整理、清扫情况		10				
合计			100				
创新能力（加 20 分）	创新性思维和行动		20				
总 计			120				

复习巩固

一、填空题

1. 孔加工是______________________________的过程。
2. 攻螺纹是______________________________的过程。
3. 套螺纹是______________________________的过程。
4. 孔加工主要是由__________来完成的，常见的钻床包括__________、__________、__________三种。
5. 攻螺纹工具包括________和__________。
6. 套螺纹工具包括________和__________。

二、选择题

1. 采用钻头套夹持的钻头是（　　）。

A. 直柄式　　B. 锥柄式　　C. 曲柄式

2. 头锥和二锥不相同的部分是（　　）。

A. 外径　　B. 内径　　C. 锥角　　D. 中径

3. 使用 M10 的丝锥，选择的铰杠规格是（　　）mm。

A. 150~200　　B. 200~250　　C. 250~300　　D. 400~450

三、综合题

1. 简述台钻使用的注意事项。

2. 简述攻螺纹操作的注意事项。

3. 简述套螺纹操作的注意事项。

任务6　錾口锤的制作

工作任务

本任务要求完成錾口锤的制作。

资讯学习

查阅教材及其他相关资料，了解和掌握完成本工作任务所需要的知识，并回答以下问题。

1. 检索国家标准，归纳整理机械装配的要求。

2. 分析常用的装配工艺，归纳各自的用途。通过资讯检索和学习，对于每种装配工艺举一个实例进行说明。

3. 检索国家标准，归纳整理装配图纸识读的规定和要求，编写通用装配图纸识读说明。

任务准备

一、分组并制订工作计划

1. 根据工作任务的需求进行分组，并由组长组织组员协商，完成组员的任务分工，填写表 4-6-1。

表 4-6-1 小组成员分工表

班级		组别	
组员姓名	任务分工	备注	
		组长	

2. 小组讨论制订工作计划，分析计划的优缺点，并给出改进方案，将决策后的工作计划填入表 4-6-2 中。

表 4-6-2 工作计划决策方案

班级		组别		组长	
步骤	工作内容			负责人	

二、物料领用

根据任务要求，以小组为单位领取设备、工具、材料及其他用品。将领到的物料分类并填写表 4-6-3，由组长核对并签字确认。

表 4-6-3 设备、工具、材料及其他用品清单

班级		组别		组长	
序号	类别	清单			
1	设备				
2	工具				
3	材料				
4	其他用品				

三、安全文明生产检查

按照表 4-6-4 中列出的项目，以小组为单位进行安全文明生产检查，组长记录检查结果并签字确认。如发现有项目不能达到任务工作要求时应及时整改。

表 4-6-4　安全文明生产检查表

班级		组别		组长	
序号	检查项目				记录
1	熟读安全文明生产要求及设备使用说明				是□　否□
2	设备状况良好，通电试测正常				是□　否□
3	工具、材料齐备，符合电气安全及任务要求				是□　否□
4	安全防护及其他用品齐备，能正常使用				是□　否□
5	小组成员进入工作状态，个人防护用具穿戴合格				是□　否□

一、錾口锤加工

根据教材内容，完成錾口锤的加工制作，并根据操作情况填写表 4-6-5。

表 4-6-5　錾口锤加工制作

操作项目	操作记录	关键操作
检查材料		尺寸复检：
划线	划端点： 划 $R12$ mm 圆弧： 划 $R2.5$ mm 倒圆线： 划圆弧间切线：	高度游标卡尺的使用： 划规、划针的使用： 靠铁的使用：
锯削	装夹工件： 分段锯削：	装夹位置： 锯削位置及轨迹：

续表

操作项目	操作记录	关键操作
锉削	锉 $R12$ mm 圆弧： 锉錾口斜面： 锉 $SR50$ mm 锤头： 锉 $R2.5$ mm 錾口：	锉削精度控制： 半径规的使用： 表面光洁度和连接圆滑程度控制：
装配		

二、錾口锤加工自检

将錾口锤加工过程中遇到的问题及解决方法填入表 4-6-6 中。

表 4-6-6　錾口锤加工自检表

遇到的问题	解决方法

展示与评价

一、成果展示

1. 以小组为单位派出代表介绍自己小组的学习成果，听取并记录其他小组对本组学习成果的评价和建议。

2. 根据其他小组对本组展示成果的评价意见进行归纳总结，填写表4-6-7。

表4-6-7　成果展示情况评价表

班级		组别	
记录人		组长	
项目	记录		
资讯检索情况	良好□　一般□　不足□　不足说明：		
展示成果时表达情况	良好□　一般□　不足□　不足说明：		
团队合作情况	良好□　一般□　不足□　不足说明：		
创新情况	良好□　一般□　不足□　不足说明：		
技能掌握情况			
出现的问题			
解决的方法			

二、任务评价

由组长组织小组成员对工作任务完成情况进行自评和小组评价，然后再对每个成员在工作任务完成过程中的综合情况进行总体评价。

1. 根据技能操作的情况，对照表4-6-8进行技能操作评价。

表4-6-8　技能操作评价表

序号	主要内容	考核要求	评价标准	配分/分	自评	组评
班级				组别		
被评价人				组长		
1	錾口锤制作	完成錾口锤的制作	加工工艺编制合理，各步骤选用正确的加工方法 不符合要求每处扣5分	20		
			工、量具选用正确，能正确使用 不符合要求每处扣5分	20		
			加工方法正确，操作步骤规范 不符合要求每处扣5分	30		
			加工质量合格，能完成工件加工过程中的自检 不符合要求每处扣5分	30		
2	安全生产	注意安全操作	违反安全文明操作规程，扣5~20分			
备注			合计	100		
			年　月　日			

2. 按照表 4-6-9 进行综合评价。

表 4-6-9　综合评价表

班级			组别				
被评价人		组长		教师			
序号	评价内容		配分/分	自评（20%）	组评（20%）	师评（60%）	合计
1	安全意识、时间意识		10				
2	工作态度、劳动纪律		10				
3	团队合作、交流与沟通能力		10				
4	资料检索能力		10				
5	计划制订能力		10				
6	操作规范性		15				
7	任务完成情况		10				
8	任务验收质量		15				
9	现场整理、清扫情况		10				
合计			100				
创新能力（加 20 分）	创新性思维和行动		20				
总计			120				

一、填空题

1. 机械装配是________________________的过程。

2. 工程机械产品装配应按照________、________及有关技术文件进行装配，并符合______规定。

3. 常用的装配工艺有______、______、______、螺纹连接、______、校正等。

4. 机械装配一般包含______、______、______、______四个步骤。

5. 装配调试时，检查无误后开始试运动，试运动时注意观察______、______、传动轴运动情况等主要______。

6. 完整的装配图纸应包含______、______、______、______、技术要求等。

二、选择题

1. 紧固件的装配不包含（　　）。
   A. 螺钉　　B. 螺母　　C. 螺栓　　D. 齿轮
2. 调节平衡常用的方法不包含（　　）。
   A. 去重　　B. 加重
   C. 清洗　　D. 调整零件位置
3. 校正时零部件之间的位置精度不包含（　　）。
   A. 垂直度　　B. 平行度　　C. 平面度　　D. 同轴度
4. 基本视图不包括（　　）。
   A. 主视图　　B. 俯视图　　C. 左视图　　D. 右视图

三、综合题

简述装配图纸的识读过程。